ひとり
マーケター

成果を出す仕事術

Work Hacks for B to B MARKETING

大澤 心咲 著

マイナビ

はじめに

　BtoBマーケティング担当者の中でも「ひとりマーケター」「ぼっちマーケター」と呼ばれる人たちがいます。その定義は、マーケティング担当は自分ひとり、上司は代表取締役や部長など他組織のマネジメントをしている人で、実質的な専任は自分だけというものです。中小企業だけではなく、大手企業でも事業部にひとりしかマーケティング担当者がいないケースもあります。チームメイトはいないし、上司は他チームの人が兼任しているとなれば実質ひとりマーケターと呼べます。外資系企業や、誰もが知る日系の業界最大手のマーケティング担当者の中にも「このサービスのマーケティング担当は自分ひとりだけで、上司はもう執行役員」という方もいました。

　ひとりマーケターには次のような悩みがあるでしょう。

・施策を相談できる人がいない
・成果が上がらない
・評価されにくい
・先輩がいないのでキャリアプランを想像しにくい

　結果として、なかなか成果が出ず、企業としてやっぱりマーケティングに力を入れなくてもよかったんだとなったり、マーケター自身も成果を出せないまま異動になってしまったりすることもあります。

　私が所属するナイル株式会社は企業のマーケティング支援に10年以上取り組んでおり、これまでにコンサルティングしてきた会社数は2,000社を超えています。その中でマーケティング担当者がたったひとりの企業も支援してきました。私自身もナイル株式会社で事業部にひとりのひとりマーケターとしてマーケティング組織を立ち上げ、上記のような悩みに直面していました。

　世の中にあるマーケティングの本は参考になります。私がマーケティング組織をそれなりに形にできたのは、世の中にある本や、note、SNSで同じマーケターの皆様が共有してくれた知見のおかげです。

　では、なぜこの本を書いたのか。それは世の中に「ひとりマーケター向け」に特化した本がなかったからです。ヒット作になっているビジネス書の中には大手外資系企業や、マーケティングの専門家集団や、資金が潤沢にあり、マーケティングを成功されてきたケースがあります。予算が月100万円を切るような組織で月に億単位の広告をかけることができる規模のマーケティングは参考にしたくても真似することが難しいのです。
　そのため、本書ではマーケティングの「べき論」や「理想論」はなるべく減らし、「ひとり

マーケター」として考えていたこと、実践していたことを記載しました。自分の失敗した話を書くのは情けなく、社内の協力をなかなか得られずに苦戦した話を書くのは社内の方々に申し訳ない気がして気が引けました。うまくいった施策の話も運やタイミングが良かったこともあるのではないか、自分語りや自慢だと誤解されるのではないかと不安でした。しかし、数年前の私と同じひとりマーケターの方の役に立てるならば、それは私にとっても、ナイル株式会社にとっても喜ばしいことだと思い、書くことにしました。

　本書は私の目の前に、ひとりぼっちでマーケティング担当になり、高い目標を追いかけている方、自分がこの事業の数字を伸ばすんだと意気込んでいるものの具体的な相談ができる相手がいなくて困っている方に、ひとりひとり話しかけていくつもりで書きました。

2022年9月　大澤 心咲

　各章に用意した【整理してみよう】の項目は、よろしければWordや、メモ帳に書き出して、一緒に整理してみてください。書籍は私からあなたへ一方的な情報提供しかできません。私が提供している情報が今のあなたに当てはまるかどうか、確認しながら話を進めることは残念ですが、できません。しかし、あなたなら本書にある情報のうち、あなたが今使える情報と不要な情報をきっと見抜くことができると思います。【整理してみよう】がその一助になれば幸いです。

Contents　｜　ひとりマーケター
成果を出す仕事術

Contents

　ある調査によるとBtoB企業では「ひとりマーケター」「ぼっちマーケター」「マーケターがひとりもいない」企業は約30％を占めているといいます。

▼企業内のマーケターの人数について。「特にいない」「1人」が全体の29.9％を占めています。株式会社メタップスが2021年に公開した「ひとり情シス」に関する実態調査によると、ひとり情シスは11％と言われています。

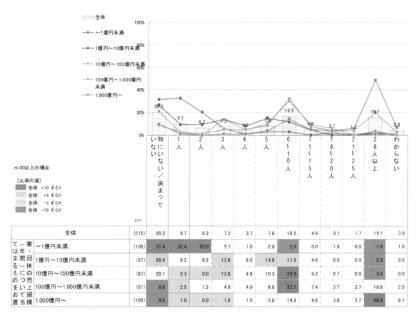

	全体		特にいない／決まって	1人	2人	3人	4人	5人	6～10人	11～15人	16～20人	21～25人	26人以上	わからない
	全体	(515)	20.2	9.7	6.2	7.2	3.7	7.8	16.5	4.9	3.1	1.7	15.1	3.9
一体となっての売り上げにおいて当該規模を選当様	～1億円未満	(105)	31.4	32.4	20.0	5.7	1.0	2.9	2.9	0.0	1.9	0.0	1.0	1.0
	1億円～10億円未満	(87)	26.4	9.2	9.2	13.8	8.0	14.9	11.5	4.6	0.0	0.0	2.3	0.0
	10億円～100億円未満	(87)	20.7	2.3	0.0	13.8	4.6	10.3	29.9	9.2	5.7	0.0	3.4	0.0
	100億円～1,000億円未満	(81)	8.6	2.5	1.2	4.9	4.9	8.6	32.1	7.4	3.7	3.7	19.8	2.5
	1,000億円～	(105)	9.5	1.0	0.0	1.0	1.0	3.8	14.3	4.8	3.8	5.7	48.6	6.7

n=30以上の場合
［比率の差］
全体 +10 ポイント
全体 +5 ポイント
全体 -5 ポイント
全体 -10 ポイント

出典：BtoB企業におけるマーケティング活動の実態と課題とは？【BtoBマーケティング調査報告】、https://btob.medix-inc.co.jp/blog/btob-marketing-problem、閲覧日2022年8月25日 アンケートは株式会社メディックスが2019年11月に515名に対して実施したもの

　BtoBの企業では「売上を伸ばしたい」と考えたときに、営業の採用が優先されることが多いです。しかし、**どんなに優秀な営業マンがいて、良い商品でもお客様に貴社の商品やサービスが認知されていなければ、そもそも最初の商談のチャンスすら得ることができません。** 逆に貴社の商品やサービスが認知されていても、そのサービスが真にお客様の課題を解決するものでなければ売ることは難しいですし、売れてもすぐに解約されてしまったり、リピート購入がないので常に新規顧客を探し続けることになり売上が安定しにくくなります。

BtoBマーケティングの必要性に拍車をかけたのは新型コロナウイルス感染症です。BtoBマーケティングでは展示会はよく行われる施策の1つでした。3年ほど前は私も先輩社員と一緒に東京ビッグサイトで行われるイベントに行き、名刺を集めたものです。しかし、新型コロナウイルス感染症により、2020年、2021年はオフラインでの展示会ができなくなってしまい、BtoB企業がデジタルを活用したマーケティングに取り組むきっかけの1つとなりました。

マーケティングチームを作らない理由がいくらでも思いつく

マーケティング担当者をしながら常々思うのですが、マーケティングは数字で成果さえ出せば認めてもらえる非常にわかりやすい仕事でありながら、仕事内容はわかりにくいなと思います。営業の仕事は「顧客にヒアリングし、提案し、客先にも通う」と仕事内容をイメージしやすく、受注をとってくるフロントなので企業の花形とされることが多いです。しかし、マーケターの仕事はSNS運用をすれば遊んでいるように見え、メールマガジン配信をすれば誰が読むんだとつっこまれ、分析して仮説を立てれば根拠が足りない、仮説検証しようにも成功の可能性が100%でないなら会社は挑戦させにくい…という具合に、やらない理由がいくらでも思いつくチームです。

しかし、先述の通り時代の流れとしてマーケティングチームは必要とされているので、ようやく決意をかためて「よし、マーケティングチームを我が社にもつくろう！」となっても、最少人数、つまりひとりぼっちになってしまいます。この意思決定は痛いほど理解できます。**小さく投資して、成功の兆しが出てきたら大きくするしかないのです**。

私はなぜひとりマーケターだったのか

　本書を書いている私は企業に対してウェブマーケティングのコンサルティングを行うナイル株式会社という企業に所属しています。弊社も上記の例に漏れず「小さく挑戦して、まずは成功するかどうか試す」というフェーズでした。これまでマーケティングチームはひとりマーケターがいた時期もあれば、マーケターが誰もいない時期もありました。お客様に対してコンサルティングをするチームのメンバーが兼任したり、経営企画のメンバーが兼任したりしていたのです。しかし、後述しますが、大きな外部環境の変化があり、2019年11月にピンチが訪れ、再度、専任でマーケターを置こう、となったのでした。

　そこでひとりマーケターになったのが私です。私は新卒でアクセンチュアに就職し、その後、ナイル株式会社に転職し、新米SEOコンサルタントとして働き始めます。決してコンサルタントとして優秀ではありませんでしたし、SEOコンサルタント歴も1年ほどです。**事業会社のマーケターとしては未経験での挑戦でした。**

　そんな私の直属の上司となったのは社長の高橋でした。高橋は東京大学法学部在学中に、ナイル株式会社を設立し、代表取締役に就任。2010年、SEOノウハウを強みにWebコンサルティング事業に参入し、ナイルを後発ながら業界を代表する存在へと成長させ、その後メディア運営、カーリース事業の開始など続々と新事業をPMFに導きナイルを成長させてきたのでした。

　上司の高橋はいくつもの事業を成長させてきた凄腕のマーケターと言える人です。その次に私の上司になったのは営業畑出身でマーケティング未経験の営業マネージャーです。複数人の営業メンバーのマネジメントと一緒に、ひとりマーケターの私の上司になりました。しかし上司が変わってもひとりマーケターとして問い合わせ数を伸ばすことができました。

　この経験から気付いたのは、上司がマーケティング経験者であっても、そうでなくても、ひとりマーケター次第で成果を出すことは可能だということです。

　また以前の私は社内交渉や社内の人間関係について関心が薄く、歴代の上司から「もっと人に関心を持って」とよく注意されていました。社内交渉は苦戦の連続で

何度も「あの伝え方はまずかったのだろうか」と落ち込んでいました。そんな私でも社内の方たちから協力をいただいてやってこられたので、ひとりマーケターの方からよく相談を寄せられる社内交渉についてもしっかり書きました。

それではさっそく成果を出すひとりマーケターになる土台作りから一緒にはじめましょう！

 経営目線を養うコラム

マーケティング組織立ち上げメンバーの選定

　はじめまして。ナイル株式会社代表の高橋と申します。本書ではひとりマーケター大澤の最初の上司として、マーケティング機能を任されたマネージャーがどのように考え、行動すれば良いのかについて書いていきます。どうぞよろしくお願いします。マーケティングの経験がなかったり、営業や経営企画などと兼任であるにも関わらず、ひとりマーケターのマネージャーになる方は多いと思います。「経験がない」「忙しい」そんな中で、部下であるひとりマーケターが成果を出しやすくなる方法を、当時10個前後のチームをマネジメントしながらひとりマーケターのマネージャーも担当していた私からお教えできればと思います。また、本書を手に取られるひとりマーケターである読者の皆様にとって、このコラムがマネージャーの目線や経営目線を理解する手助けとなれば幸いです。

大澤から紹介があったように、ナイル株式会社は私が2007年東京大学に在学中に起業した会社で、デジタル化をテーマにさまざまな事業を展開している会社です。大澤が所属するマーケティングDX事業部においては、2010年から顧客企業のマーケティング課題をインターネットを活用して解決し、事業成長を支援してきました。

　当社は創業以来、15年連続で増収を重ねていますが、2019年に初めてマーケティングDX事業、なかでもデジタルマーケティング支援の事業領域において減収を経験しました。これにはさまざまな理由が挙げられるのですが、自社のマーケティング機能不全により新規顧客獲得能力が低下したことが大きな原因の1つでした。

　日本全体のデジタル化が叫ばれる中で、当社のマーケティングDX事業部にはさまざまな企業の成長を支援していく責務があります。この責務をまっとうするためにも事業部の立て直しをすべく、全社の経営と兼務する形で2019年から私が事業戦略を再設計することとなりました。

● マーケティング機能不全の原因と対策
　当社は顧客企業のマーケティング面から助言をする立場の企業ですが「医者の不養生」とはよく言ったもので、お恥ずかしながら自社のマーケティング活動について専任者がおらず、大澤も上述したように、別部門のメンバーが兼務をしている状態が長く続いていました。

　資金や労働力に余裕のない多くの企業において、新たな機能の新設ないし過去うまくいっていた機能を立て直しにおいて、兼務体制が生まれることはままあります。ですが、私は兼務こそが社員ひいては企業の競争力を失わせる問題であると感じています。主要な業務にどうしても思考と時間が取られてしまい、兼務先の業務は相対的に疎かになります。一方で、何らかの機能を新設する、立て直すというのは大抵の場合当初の想定以上に骨が折れる作業です。

　私がマーケティング機能不全を解消をしようと考えたとき、真っ先に考えたのがこの兼務体制からの脱却であり、専任で取り組み、結果を出せる人間の選抜でした。

● ひとりマーケターの選定基準

　当然ながら既存部署で兼任されていた機能について切り出し、専任をつける作業は骨が折れます。兼任して取り組むことをやりがいに感じていたメンバーもいる中で、機能の専任化はこうしたメンバーから仕事を奪うことにもつながるからです。

　しかし何よりの大前提として、マネージャーの仕事とは事業としての結果を出すことだと私は考えています。どれだけメンバーがやりがいを持ち、楽しく働いていたとしても、事業としての結果が出ていなければ、事業は縮小均衡以上の何かになることはありません。結果として事業の売上も利益も下がり、メンバーの報酬をあげることもできなくなってしまいます。

　事業として結果を出すことは大前提としつつ、そのうえでメンバーのやりがいや成長、挑戦機会があるべきであり、この当時の組織はその関係があべこべになっていると感じました。

　いろいろな意見がありましたが、最終的には私の意思決定で専任者を選ぶこととなりました。

　メンバー選定にあたっては、下記を大切にしました。
1：成果達成志向が強いこと
2：想定外の課題について粘り強く考え、行動し続けられること

　ひとくちにマーケティングといっても、実はその機能は多岐にわたります。

　「マーケティングとは何なのか」という深遠なテーマに向き合うことはここではしませんが、大澤が立ち上げたマーケティング組織について会社から期待されていることは「新規顧客からの受注額を最大化すること」であり、このための手段の数は枚挙に暇がありません。

　ひとりマーケターが任命された際、これらの手段をすべて試すということは不可能です。自社の置かれた状況を鑑みながら、限りあるリソースと予算の中で、効率の良い手段を選択していく必要があります。

何が一番効率が良いのかという問いから逃れ、手段の面白さに思考が逃げてしまうと、ひとりマーケターは成果を出せません。たとえば、SEOが面白いからやる、MAが興味深いからやる、といった手段が目的化してしまう人は、少なくてもひとりマーケターには向いていません。

　また、マーケティング活動を実行していく中では、当初の仮説の誤りが判明し、新たな課題が発見されることも少なくありません。解決策を粘り強く考え、行動し続ける人のほうが「こんなもんでいいか」と妥協する人に比べて成果を出しやすいのは明らかです。このように成果を出すことに向けた「馬力」のようなものが、ひとりマーケターには大切だと思います。

1章

ひとりマーケターの
はじまり

「来月からマーケターとしてよろしくね！」と
マーケターになることが決まったとき、
まずはどんなことから始めれば良いのでしょうか。

マーケティング担当者になった際、「どんな施策をやれば良いだろうか」とワクワクする気持ちや、「マーケティングのことを全く知らない」と焦る気持ちがあるかもしれません。私は「自分たった1人で本当に問い合わせ数を伸ばせるのかな」という不安が大きかったです。本章ではひとりマーケターになったら施策を考えたり、競合調査をする前にやっていただきたい土台となるアクションについて記載します。

✅ ひとりマーケターが最初にやること

やること 1 年間の目標数値を決める

これを決める過程で
▶ 営業部長に数字を理解してもらう
▶ 自分の評価がどのように決まるのかすり合わせる
▶ 営業とマーケティングの数字は運命共同体であることを自分自身も上司も営業部長も理解する

やること 2 自社のマーケティングは今後、拡大するつもりなのか上司や経営層に確認しておく

▶ 問い合わせ数や新規の受注額がある数字まで到達したら、メンバーを増やしていいのか
　⇒「ある数字」とは、問い合わせ数が800件/年になったら、など具体的にすり合わせる

▶ マーケティングの仕事の領域を整理し、領域が広がり続けるならば追加投資や人員追加が必要であると考え、上司や経営陣に事前に伝えておく

1-1　ひとりマーケターが最初にやること

ひとりマーケターになったら、最初に考えてほしいことが2つあります。**それは「1年間の数値目標」と「マーケティングチームを拡大するのか」ということです。**私はこの2つを最初に考え、上司と合意をとっていたので、成果を出す度に人手を増やしてもらうことができました。逆にこの2つを合意していなければ、いくら成果が出ても予算は増えず、ひとりマーケターのまま高い目標だけを追いかけ続けることになってしまいます。

● 1年間の数値目標を決める

　大抵は企業の年間売上目標が決まっているので、その目標を達成するには何件の問い合わせと有効商談が必要なのかを考えます。

　私は次のステップで求めています。

①必要な商談数を求める

　まずは集めなければならない数字をあげます。

- 1年間の新規受注額目標
- 現在の受注率（昨年の平均受注率でも良い）
- 現在の新規受注単価（昨年の新規受注単価でも良い）

　ここでは、計算しやすいように次の数字とした場合、必要な商談数は以下のとおりです。

- 1年間の新規受注額目標 ＝1億円
- 現在の受注率（昨年の平均受注率でも良い）＝15％
- 現在の新規受注単価（昨年の新規受注単価でも良い）＝100万円

計算式

　1年間の新規受注額目標÷現在の新規受注単価（昨年の新規受注単価でも良い）

　　　　　　　　　　　　　　　　　　　　　　　　　＝必要な受注件数

　必要な受注件数÷現在の受注率（昨年の平均受注率でも良い）

　　　　　　　　　　　　　　　　　　　　　　　　　＝必要な商談数

　計算式にあてはめます。

　1億円÷100万円＝必要な受注件数100件

　100件÷15％＝必要な商談数666.6件で、667件とします。

　営業が667件商談したら、受注率や受注単価が下がらない限り、新規受注の目標を達成できます。

ここであなたがしなければならないのは以下です。

上司と合意するもの

> マーケティングチームの年間目標は、営業の受注率、受注単価が下がらない想定で考えても良いか。

OKならば、「②必要な問い合わせ数を決める」のステップへ進みます。NGならば、次のことを行います。

NGならば、これを上司に確認する

> • 営業の受注率、受注単価は、最低どこまで下がるのか
> • 営業の受注率、受注単価が下がる要因は何か
> • 営業の受注率、受注単価を下げないために営業側でしていることは何か

なぜここまで営業側の数字を気にするのかというと、これがマーケターの成績に大きく影響を与えるからです。受注率がたった5ポイントでも下がり、受注単価がたった5万円下がるだけでも、数字はこれだけ変わります。

> 1億円÷95万円＝必要な受注件数は105件
>
> 105件÷10％＝必要な商談数は1,050件

667件必要な商談が、1,050件も必要になっています！

こんなにも追いかける数値が変わるのです。そのため、営業側の数字は必ず確認しておかなければなりません。

では、どうやって営業側の数字を把握していけば良いでしょうか。

おすすめはあなたの上司に、上記の「667件になった計算式」と「1,050件になった計算式」の2パターンを見せて「営業側の数字が変わるだけで、我々が追いかける数字はこんなにも変わります。だから、営業側と数字を合意してきてください」とお願いすることです。理想は受注率、受注単価を下げずに1億円の目標を達成することですが、営業側がなんらかの理由で受注単価、受注率を下げたいという場合は、**その下げた分の数字は、マーケティング担当者がたったひとりで、ここでの計算の場合は約1.57倍の数字を作ってカバーせねばなりません。その事実を事前に伝え、もしカバーできたら高く評価してくれるんですね？　という約束が重要です。**

　仮に、営業の受注率が10％に下がり、受注単価が95万円に下がったとして、あなたの目標が1,050件になったとします。受注率と受注単価が下がらなければ667件があなたの目標です。1年後、あなたが商談を800件しかとれなかった場合、あなたは上司に受注率や受注単価が下がっていること、そんな中でここまでひとりで奮闘した、と自分の仕事ぶりを責任もって伝える必要があります。だから事前に必要な数字を集め、自分でコントロールできないものの自分の成果に影響がある数字の前提は把握し、上司と合意をとっておかなければなりません。

②必要な問い合わせ数を決める
　必要な商談数がわかったところで、今度は必要な問い合わせ数を考えます。必要な数字は過去1年間の商談化率です。商談の定義は提案になったら、予算が合ったら、決裁者が出てきたら、など企業によって異なります。

　必要な問い合わせ数は次式で求めます。今回は商談化率を30％と定義します。

計算式

商談数÷お問い合わせ数＝商談化率

　ステップ①で必要な商談数は割り出せているので、次式で求まります。

667件÷ ???=30％

なので、必要なお問い合わせ数は2,224件（2,223.3件で小数点以下を繰り上げ）です。これであなたの目標は商談数667件、お問い合わせ数2,224件になりました。数字の年間目標が決まったら、次はクォーターごとにスケジュールを引いていきます。

③スケジュール

　ここでのポイントは受注率、受注単価の変遷を考えることです。

　商談数が667件、お問い合わせ数は2,224件になりましたが、もし営業が1Qは新人が多いけど3Qでは新人が育つので対応に余裕が出て受注率が上がることや、営業側でも受注率を高めるための動きがあるとすると受注率は1Q、2Qは15%でも、3Q以降は20%に変動できる可能性が出てきます。営業の受注率を考慮しながら、年間の必要商談数と問い合わせ数のシミュレーションをしてみましょう。

　①必要な商談数を求める　②必要な問い合わせ数を求める　の考え方をベースに、営業リソース、受注率、受注単価の変遷を確認しながら計画を立てます。表では受注率を上半期は15%、下半期は20%に増加しています。

必要商談数574件
受注目標額合計1億円

		1月～3月	4月～6月	7月～9月	10月～12月
マーケターの目標 →	受注目標	2000万円	2500万円	2500万円	3000万円
	受注単価	100万円	100万円	100万円	100万円
	必要受注件数	20件	25件	25件	30件
	受注率	15%	15%	20%	20%
→	必要商談数	133.3件	166.6件	125件	150件
	商談化率	30%	30%	30%	30%
→	必要お問い合わせ数	444.3件	555.3件	416.6件	500件

受注率が20%に向上したことで、
必要商談数が574件になっています。

　これであなたの「1年間の数値目標」は確定です。これが着任して最初にやることです。作業日数や交渉にかかるのは会社規模によりますが、2営業日～1カ月くらいでしょうか。

ここまで読んでいただければわかるとおり、マーケティングと営業は運命共同体です。あなたがひとりマーケターならば、1年間の数値目標を整理しながら上司と営業部長にマーケティングの数字を理解してもらいましょう。いきなり提案するのではなく、営業部長と認識や数字をすり合わせながら作成し、作成の過程で営業部長に少しずつ理解してもらいましょう。

大抵の営業部長は数字を読める人が多いはずなので、ここまでのお話をあなたがすれば、きっと理解して、受注率や受注単価の情報をくれるでしょう。

私が考えるBtoB企業のひとりマーケターの仕事は、営業の受注率を高めるためにマーケティング側が「新人営業マンが会うだけで受注できるお問い合わせをとってくること」です。そんな無茶な、と思うかもしれませんが、私はこれを理想に掲げて数年間マーケティング担当者をやっています。この気持ちが営業にも伝われば、営業チームも新規の数字を積みたいので、マーケティング側に数字の情報を提供してくれるはずです。

1-2 | マーケティングチームは拡大するか？

2つ目に考えてほしいのは「マーケティングチームを拡大するのか」です。たとえば、1つ目で決めた年間目標を達成したら、翌年はさらに高い目標を求めるのか？ 今年と同じで良いのか？ もし、さらに高い目標ならばどのくらい高い目標なのか？ その高い目標に対して営業の人員は増えるのか？ 営業の人員が増えるならマーケの人員はどうなのか？ まずは上司か、経営層に確認してください。

集めた情報を元に考えなければならないのは、もしあなたの組織が急成長を目指していて、新規の受注額を2倍や3倍の目標にするならば、**マーケティング予算は増えるのか？ 人手は増えるのか？** ということです。人手とは外部の企業への発注を増やすことではなく、採算が取れるなら正社員のチームにしても良いと経営層が考えているかどうかです。チームの拡大可能性について、予算と人員の2点で確認してみましょう。

● マーケティング予算は増えるのか？

　マーケティング予算を増やす可能性があるかどうかは、2つの方法で確認します。1つ目は顧客生涯価値（Life Time Value：以下，LTV）と、受注獲得単価（Customer Acquisition Cost：以下，CAC）を用いて考えることができます。

　LTV＝3CACまたはLTV＞3CACならば採算がとれている事業です。

　もし、LTV＞3CACなら、もう少しマーケティング予算をもらえないか交渉することも考えられます。LTV＜3CACなら、LTVを伸ばすかCACを下げる必要があります。マーケティング担当者に求められるのはCACを下げることなので、ここに集中すれば良いでしょう。LTV＜3CACが一概に悪いというよりも、マーケティングと営業に先行投資していると考えることもできます。この投資の結果、受注件数を増やしてLTV＝3CACにすれば良いのです。

　LTVとCACの言葉の意味と、計算方法を次式にまとめます。LTVについては計算方法がいくつかあるので、自社の事業に合うものを選べば良いでしょう。私の場合は、実際にLTVの計算は複数パターンの計算式に当てはめて計算し、すべての計算式と結果を上司に見せて、どの計算式がしっくり来るのか意見をもらい合意形成しました。

計算式

LTV＝顧客単価×粗利率×購買頻度×取引期間－（顧客の獲得・維持コスト）
LTV＝顧客の年間取引額 × 収益率 × 顧客の継続年数
LTV＝顧客の平均購入単価 × 平均購入回数
LTV＝（売上高 - 売上原価）÷ 購入者数

CAC＝（営業人件費＋マーケティング人件費＋マーケティング費用）÷新規受注件数

　CACを下げるには、新規受注件数を増やすか、計算式の（）内にある費用を押さえるしかありません。

予算を押さえる選択肢

マーケティングの予算を減らす、マーケティングの人員を減らす以外に、営業の人員を減らす、も含まれます。

新規受注件数を増やす選択肢

受注率を上げる、提案数（商談数）を増やす、商談化率を増やす、お問い合わせ数を増やす。

上司もマーケティングがはじめてで、LTVとCACを用いた計算では今後予算拡大をするのかどうか判断がつかない場合は2つ目の方法で上司に会社の方向性を確認します。

2つ目の方法とは「1年間の数値目標を決める」で決めた数値目標をどの程度達成できれば予算追加をしてくれるのか、です。どれだけ数字で成果を出しても予算追加をしてくれないのでは、施策を広げようがありません。限られた予算でどこまで工夫ができるかは、腕の見せどころでもありますが限界はあります。

そのため「1年間でここまで数字を伸ばしたら、予算の追加を検討してください」と最初に明確に伝えておきましょう。その数字は目標達成（本書で説明した中ですと商談数667件、問い合わせ数2,224件の達成）でも良いですし、目標問い合わせ数の7割を達成したら、や、問い合わせ数を2倍にしたら、でも構いません。**ここで上司や経営層に確認したいのは思いつきでマーケティングチームを設置して拡大可能性を考えていないのか、数字が伸びれば拡大しても良いと思っているのか、です。**もし、ここで数字が伸びても拡大する気がないのであれば数年は予算の増加がなく、今の予算でマーケティングを行う覚悟が必要です。

実際のところ、経営陣や上司も結果が出てみないと判断できないことがあります。そのため、経営陣や上司の回答が濁る場合は定期的にリソースの相談をしておきましょう。たとえば、あなたが1年で100件取れていた問い合わせを1.3倍の130件に増やしたとします。次の年も1.3倍の問い合わせ増加を求められると、あなたの目標は169件になります。3年目も前年の1.3倍を期待されると219.7件の問い合わせが求められます。徐々に目標は上がっていきますが、現実的に考えて一人で達成できるのでしょうか。経営層や上司は去年できたなら今年もお願い、と期待してしまいます。正確に現場の状況を上司や経営陣に伝えることもあなたの役

目なので、経営陣や上司が数字の伸びに対して人員追加のイメージをもてていない場合は、2章でお話する日報などを用いて定期的にリソースの相談をしておきましょう。

● マーケティング人員は増えるのか？

　次は正社員1人で拡大したいのか、チームで拡大したいのかを確認します。それを判断するには「マーケティングの仕事をどこまでと定義するか」を考えましょう。

　ただの集客なら1人で予算だけ拡大すれば良いですが、4Pすべてや、商談の確度上げもマーケターに期待するなら、1人では手が足りません。

✅ **マーケターが期待する範囲はどこまで？**

| 認知 | リード | 問合せ | 接点の継続
一斉配信の
メルマガなど | 確度上げ
インサイドセールスや
個別メール配信など | 商談 |

2020年時点
マーケティング
への期待範囲

2022年時点　マーケティングへの期待範囲

　私の場合は、これまでの取り組みからマーケティングに期待している範囲は「リード獲得」と「問い合わせ数」と把握していました。

　2021年にはインサイドセールスを立ち上げ「確度上げ（失注した案件などにインサイドセールスや個別のメール送付などを継続し、商談化を目指すこと）」までマーケティングの領域になっています。2022年にはさらに担当領域は認知形成まで広がっています。そのため、2020年はひとりマーケターでしたが、2022年は4人体制のチームになっています。

| ひとりマーケターでも、
BtoBでマーケティングが重要な理由

● BtoB における購買は 57％ が営業に会う前に決まっている

BtoB 企業のマーケターの中には受注をとってくる営業が一番偉く、マーケティングなんかやっても意味がないと思っている方もいるのではないでしょうか。実は私もそのひとりでした。超優秀な営業マンが何人もいて、自分で新規開拓をして、自分で問い合わせを集め、提案して受注できるなら、マーケティングなんかいらないのではないか、と感じていました。しかし、ひとりマーケターをしながら、BtoB 企業へ顧客ヒアリングをしたり、BtoB 企業の事例記事をつくったりしているうちに考え方が変わっていきました。

国内外の調査で営業マンが提案をする前に、お客様の気持ちはかたまりつつあることがわかっています。現在は展示会以外にも、インターネットで検索をすればいつでもどこでも、BtoB 商材であっても接点を持つことができます。そのため、お客様もネットで検索したり、SNS でよく見かける BtoB 企業をコンペの候補に入れたり、お問い合わせするようになっています。

2012 年に 1,500 名以上を対象に行った調査によると、平均的な顧客は購入の意思決定の半分以上を営業に接触する前に完了していることがわかっています。

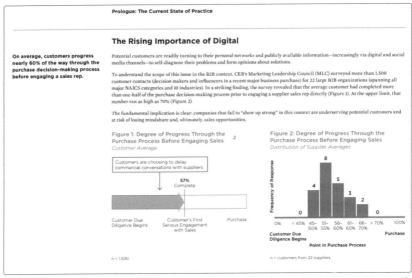

出典：The Digital evolution in B2B Marketing、https://www.thinkwithgoogle.com/_qs/documents/677/the-digital-evolution-in-b2b-marketing_research-studies.pdf

　また、国内でも似たような調査が行われており株式会社マツリカが発表した「Japan Sales Report 2022」によると、日本では購買プロセスの約20%～30%が済んだ時点で営業に接触しているそうです。

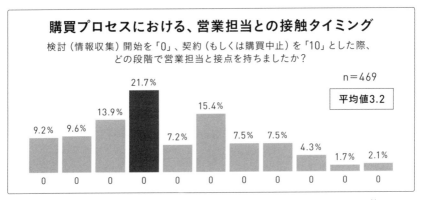

Japan Sales Report 2022 ～Buying Study：購買活動の実態調査～ | Senses、https://product-senses.mazrica.com/dldocument/japan-sales-report-2022-summer、閲覧日2022年8月25日

さらにITコミュニケーションズが行った調査によると、BtoBでも製品の購買に
Webメディアや提供企業のウェブサイトを参考にしていることがわかります。

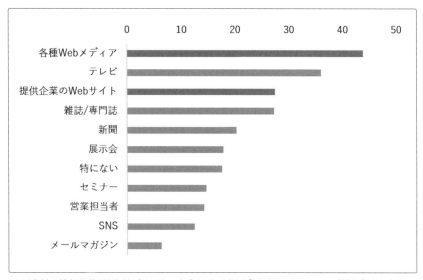

BtoB商材の情報収集、約半数がスマホで企業サイトを閲覧【ITコミュニケーションズ調査】：MarkeZine
（マーケジン）、https://markezine.jp/article/detail/30175、閲覧日2022年8月25日より著者作成

そんなデータがあるとしても、私は心の中で、「営業こそ花形」という気持ちが
ぬぐえずにいました。しかし、営業メンバーから「あの問い合わせよかったよーす
ぐ受注できた」「あのお客さんは苦戦した」などの話をきいているうちに「本当に
BtoBの受注って営業マンの腕だけではなくてマーケターがどんな問い合わせを集
めてきたかで決まるんだ」と感じるようになりました。

読者の方もきっといつかマーケティングにやり甲斐や面白さを感じられる瞬間が
くると思うので、ぜひ本書も参考にしていただきながらマーケティング施策に取り
組んでいただけると嬉しいです。また、ひとりマーケターがマーケティングにやり
がいを感じられるかどうかは、働く環境も大切です。本書で働く環境をどう変える
のか、社内交渉についても書いています。もし可能ならば、あなたの上司にも本書
を渡していただきたいです。上司は事業部長、営業部長、代表取締役社長などが多
いでしょう。上司はマーケティングのほかにも考えることは多く、忙しいのかもし
れませんが、本書を活用して上司とともに貴社のマーケティングを飛躍させていた
だきたいです。

- あなたは、あなたの会社の営業の新規受注平均単価を知っていますか？

- 知らない場合、その数字を知っているのは誰でしょうか。営業部長、営業メンバー、あなたの上司、営業アシスタントなど可能性のある人を書き出し、新規受注平均単価以外にも、受注率などの主要な数字を明日確認してみましょう。

- 本章で集める情報：
  新規受注額、新規受注数、問い合わせ数、有効商談数、受注単価、マーケティングチームの拡大可能性

企業がひとりでもマーケティングチームを設置した方が良い理由

　現代は企業が生み出す商品・サービスが溢れた時代です。商品・サービスが需要に対して少なかった時代に比べて、知ってもらうこと、買ってもらうことへのハードルが上がっている時代とも言えます。

　自社の商品が勝手に売れていくわけではない以上、企業が商品を売れるようにするための工夫は必須です。その工夫とは、商品のもつベネフィットや独自性を強めたり、消費者や顧客企業への認知促進をしたりと多岐に渡っています。また、商品が売れるようになるための工夫についても、現代はさまざまな手段に溢れており、取捨選択をする必要があります。

　自社の置かれた状況に加え、商品のベネフィット、独自性、価格、ターゲットなどがまったく同じ企業はあり得ません。だからこそ、1社1社が、自社にあったマーケティング活動をしていくことが重要となるのです。

　マーケティング活動が、あらゆる企業において重要な「商品を売るための工夫」をつかさどり、資金やリソースの投資先を決めていく重要な意思決定を伴う以上、誰かが他業務と兼務して片手間でこれを行うことは現実的ではありません。

　自社の商品を売れるようにしていくための戦略・戦術を検討し、実行していくための実務の最前線として、専任の担当者がマーケティング活動に専念していることはとても重要なことだと思います。

● ナイルはなぜひとりマーケター継続や、外注先増加ではなく、徐々にチーム化する意思決定だったのか

　ナイルでは、ひとりマーケターとして大澤を選任して以降、しばらくは体制を拡大せず、限られた予算・人員の中で一定の成果を出すことを求めました。一般的に、人員が多く予算も多い方が、成果を出しやすいと思われがちですが、デメリットもあると私は考えているからです。

まず、人員が多いことで手数を広げられるのは事実です。一方で、正解のない中で勝ちパターンを模索すべき立ち上げ時・立て直し時には多人数であることが意見の衝突を生みやすく、迅速な意思決定を阻害したり、中途半端な意思決定を促進したりしがちです。

　また、最初から多額の投資をすると、「この取り組みは本当にうまくいくのか」「どんなやり方をしてるんだ」と組織内の他部署が寛容性を失いやすく、腰を落ち着けて課題に取り組むことが難しくなることがあります。

　これに対し、人員が少ないと、意思決定を迅速に行えるため「この方針で投資を拡大すれば成果を得られるはずだ」という初期的成果を出しやすいと言えるでしょう。また、「このくらいの金額ならやらせてみよう」と他部署も寛容になりやすいというメリットがあるため、中長期的な視点で活動を見守ってもらうことができます。

　「小さく産んで、大きく育てる」というアプローチで成果に伴い人員や投資を拡大することで、社内の誰にとっても納得感が高く、かつ効率の良いお金の使い方ができるのではないでしょうか。

2章

働く環境を変えるのも
仕事の1つ

本章では成果を出すための最も重要な土台である、
上司とのコミュニケーションについて解説します。

私はひとりマーケターが上手くいくか、いかないかは、本人の能力と同じくらい職場環境が影響していると考えています。中には「そんな恵まれた環境だったら誰だって成果を出せる」という声も聞こえてきそうですが「恵まれた環境」が始めから整っている職場はありません。成果を出せる環境を自分で整えるところから仕事は始まります。

　当時の上司にマーケターが結果を出すには上司の振る舞いが重要である、と私の考えを伝えたところ「それは他の職種でも同じであり、ひとりマーケターだけに限った話ではない。それに無条件に信じて任せたわけではない。大澤さんは結果を出すとわかったので、信じて任せた。だから、どうやって自分は結果を出せる人間だと上司に信じさせ、わからせたのか、それを本に書いた方が良い」と言われました。そのとき私は前職で先輩に**「誰が上司になっても安定した結果を出せ。それがお前の実力だ」**と言われたことを思い出しました。私はこの言葉を信じ、誰が上司になっても安定した結果を出す方法を今も考え続けています。

　最終章で記載しますが、環境をどうしても変えられない場合や、自分のやりたいことと会社があなたに求めることが合わない場合は転職を推奨します。そうでない場合は、まず働く環境を変えるところから取り組んでいきましょう。

　理想の上司というのは幻想です。代表取締役や、執行役員が上司になれば、現場から上司が離れすぎていて話し合いが進まないことがあります。逆に身近な人が上司になれば自分の仕事や現場の状況は理解していますが、長期的な視点が抜けてしまうこともあります。どんな性格の上司、どんな立場の上司でも理想なんてものはありません。

　この章では、どんな環境だとひとりマーケターが結果をだしやすいのか、そんな環境を手に入れるにはどうすれば良いのか紹介していきます。最初から運よく理解ある上司を引き当てることができれば良いですが、そう簡単にはいかないのが現実ですよね。上司はあなたがコントロールできる可能性があるものなので、上司があなたのマーケティング活動を支援しやすいように努力する必要はあります。ここでは私が上司と円滑なコミュニケーションをとるために行っていたことを記載します。

2-1 | ひとりマーケティングが始まった環境

　まずは前提情報の共有のため、私がどんな状況から専任者1名のひとりマーケターになったのかを、可能な限り明らかにしたいと思います。

　2019年11月、Googleのアルゴリズムアップデートの影響を受けて、当社のサービスサイト「SEO HACKS」のセッション数はなんと1/3まで落ちました。お問い合わせ数はすぐに減らなかったものの2019年の上半期はお問い合わせの54％をウェブ経由で集めていたため、セッション数の暴落は経営課題でした。

　セッション数が落ちた要因はいくつか考えられますが、最も大きな要因は低品質記事の大量生産のようでした。弊社は編集者歴平均10年以上のベテラン編集者を採用し、紙媒体に負けない記事のクオリティでウェブ記事を制作することを強みとしています。しかし、これは後で聞いた話ですがベテラン編集者はお客様の記事制作を担当し、自社メディアは一時期SEOにはそこまでは詳しくなく、編集業務も未経験の方がなんとか頑張ってまわしてくれていたそうです。当時は成果が出ていましたが、検索エンジンのアルゴリズムがアップデートされるにつれ、少しずつ雲行きが怪しくなってしまいました。

　社内でも「そろそろ本格的にテコ入れした方がいいのではないだろうか？」「リライトをした方が良い」と言われていたそうですが、「上位表示されているから今はいいか」と優先度の上がらない状況がつづいていたそうです。そして当時の担当者が退職し、私が入れ替わりで入社したある日、サイトのセッション数が大きく下落しまったのでした。

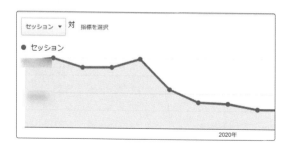

　2020年4月からひとりマーケターになった私は必死で記事制作をし、文字数が少ない記事やエビデンスが少ない記事はリライトを重ねて順位を上げました。現在セッション数は回復してきています。

この経験によって、記事を大量生産することの恐怖を肌で感じた私は、異動した初月から1年後でも良いので編集者を自分のチームに入れてほしいと交渉を開始しました。この社内交渉がうまくいき、2020年10月ごろから編集者が顧客対応業務と50％ずつの稼働でチームに加わってくれるようになります。ひとりマーケターはリソース不足が深刻ですので、リソース確保については、3章でお話します。

　また、これだけセッション数が減るとCV数も大きく打撃を受けます。しかし、CV数に関しては大きく伸ばすことができています。**年間資料ダウンロード数は2019年で44件、2020年343件、2021年1,553件、2022年は8月末時点で1,692件です。**セッション数が減っても、CV数は増やすことができます。私の力だけではなく、様々なタイミングが合ったことによる成長でもありますが、成長を続けている施策をお伝えすることは読者の皆様の参考になると思いますので、7章でつまびらかにしています。

　ひとりマーケター時代、最初の予算は月100万円にとても満たない額でした。そこから少し結果を出す度に、少しずつ予算をまわしてもらいました。予算交渉については本章の後半でお話します。

　資金がない中で、どのようにプロモーションしていくのか、新商材をリリースするのかは、5章以降でお話しています。

2-2 ｜ 上司を動かすのは「合意形成」がすべて

● すぐに結果はでなくても良い！
　まずは「この人に任せたら結果が出そう」と上司に感じてもらおう
　私はかつて上司とは自分を育ててくれ、尊敬できる存在だと思っていました。しかし実はそれは上司にとってもプレッシャーです。上司とは自分を育ててくれる存在でも、尊敬すべき存在でもありません。自分を育ててくれるのは仕事です。上司はあなたが結果を出すための情報提供と、あなたが結果を出すためにあなたが社内交渉をしづらい相手に、あなたの代わりに社内交渉をしてくれる存在です。

　上司があなたのために重要な情報を提供したり、面倒な社内交渉をやってくれたりするのは、あなたを信じているからです。ただし<u>無条件に部下を信じる上司はいません。上司が部下を信じるのは、その部下が結果を出せる可能性があるからです</u>。大きな結果でなくても良いのです。その部下が割り当てられた結果をきちんと出せる可能性がある場合、信じてくれます。

　マーケティングの仕事は問い合わせ数などの成果で評価されやすいのですが、3カ月や半年ですぐに成果が出ないこともあります。しかし、3カ月や半年で成果が出ないから仕方ないよね、と甘いことを言えないのも上司や人事評価を決める側の立場です。<u>私が意識していたのは3カ月や半年など短期の間に「この人に任せると成果が出そうだ」と感じてもらうことです</u>。そうすれば、短期的に成果が出ていなくても、もう少し任せてみようと思ってもらえます。

　では、どのようにして「この人は成果を出せそうだ」と感じてもらうのかというと、上司との合意形成です。課題設定、施策の遂行、施策の試行錯誤の経緯などを、ブラックボックスにせず、上司に伝え合意形成しておくことです。そうすれば評価会議で上司は、もしあなたが短期的に成果を出せていなくても、「〇×な理由で、もう少しで成果がでるので、このポジションを解体する必要はない」「今は成果が出ていないが、△△な試行錯誤と、施策をしており、あと3カ月後には数字で成果が出始めると考えている。成果だけでマイナス評価することは妥当ではない」などと述べられます。

　人事評価の場で上司がマーケターの仕事ぶりを本人のように語れるくらい上司に情報提供しておくことを意識するのがおすすめです。理由もなく部下に悪い評価をつけたい上司はきっといません。しかし会社は組織なので、誰かを高く評価して給与を上げたり、賞与を与えたりするにはそれだけの理由が必要です。ひとりマーケターは仕事の内容を社内で理解してもらいにくいポジションだからこそ、自分の仕事ぶりを周囲に話す機会がある上司に、自分を評価するに値する理由を伝えておくことが大切です。

● 上司の上司を意識して仕事してみよう

　ひとりマーケターは上司から「この人は成果を出せそうだ」と信じてもらうための努力をすると上司が次々と協力してくれ、やがて具体的な結果を出しやすくなります。

一番のおすすめは自分の上司を出世させる、社内で上司が一目置かれる存在になるために仕事をすることです。あなたの上司が出世したり、表彰されたりしてインタビューを受けているときに「商談数が伸びまして」「昨年立ち上げたマーケティングチームが軌道にのりまして」と言ってもらえたらしめたものです。あなたが結果を出せば、出世する可能性が高いのは実はあなたではありません。あなたに結果を出させた上司です。

　「上司と馬が合わないから、あんな人が出世するのは嫌だな」「あんな人の評価が社内で上がるのは嫌だな」と思うかもしれませんが、逆です。嫌いな上司ほど、出世や高い評価を社内で得てもらうことが大事なのです。それがあなたの働く環境を変える近道です。

　あなたの上司が部長だとしましょう。部長は部内で、営業チーム3つ、アシスタントチーム、ひとりマーケターのあなたを管理しているとします。その部署を管掌している執行役員が「やあ部長くん。最近営業成績良いね！　なにが理由なの？」と、部長に聞いたとします。そのとき、あなたが明らかな結果を出していれば「商談数が増えまして」と正直に答えるしかありません。そういうことが増えていけば、部長の評価が上がっているのは部下であるあなたが結果を出したからということになります。これに普通の管理職は気付いています。だから、どんなに馬の合わない部下でも、結果を出す部下のことは大事にします。

　大事にするとは飲み会に連れていくとかランチを奢るとか、そういう話ではありません。あなたが結果を出しやすいように社内で陰に陽に立ち回ってくれます。そうしているうちに、だんだん上司はあなたを信じてくれるようになります。だから上司に手柄を持たせるために仕事をするのがめぐりめぐって一番あなたが働きやすくなります。

　そのため、ひとりマーケターとして始まったばかりであればストレートに上司に聞いてしまいましょう。「上司さんは営業部長ですが、今回マーケティングチームも面倒を見ることになって大変ですよね。マーケティングチームが結果を出せたら、上司さんもきちんと評価してもらえるんですよね？」と。

　実は、私がひとりマーケターになった最初の上司は代表取締役の高橋でしたが、半年後に営業畑出身で営業マネージャーのKさんが上司になりました。その際、私

はKさんに2回目の1on1ミーティングで実際に上記を確認しています。Kさんは「もちろん」と答え、私が結果を出せるように多大なるサポートをしてくれました。もしあなたが上司にこの確認をしたときに、上司の答えが「わからない」なら要注意です。

　もし「わからない」と言われたら、3カ月近くかかりますが少しずつ上司に「この部下が活躍すると俺の評価が上がる」と気付いてもらう必要があります。たとえば少しセッション数が増えた、CV数が増えた、何かホワイトペーパーを作った、仮説が当たったといった小さな成功もきちんと上司に報告し、上司がマーケティングチームのことを上司の上司に報告できるようにするのがおすすめです。

　このような小さな成功が本章の冒頭に書いたとおり、短期間で成果を出せなくても「この部下に任せれば、いずれ結果は出る」と感じてもらえることにつながります。

序盤から上司に信じて任せてもらうには「合意形成」がすべてです。小さな成果が出るまで待っている1〜2週間の間に、これまでマーケティングチームがなかった組織では悪気のない横やりはどうしても入ります。「本当にあれうまくいくの？」という具合です。その度に上司やあなたがブレていたら、結果を出すことに集中できません。ですから、そういう横やりがあったときに「うまくいく」と2人ともが答えられないといけません。

　ではどうすれば2人とも自信をもって「上手くいく」と言えるのでしょうか。その方法が「合意形成」です。合意形成をどうやってするのかといえば、それはひとりマーケター側が準備して、1on1ミーティングで伝えることです。

　まずは上述の通り、マーケティングチームで結果が出れば上司が評価されることを確認する。その後、どんな施策をやるのか、この施策をやって良いのか、やって良いと思うのは上司から見てもこの施策が結果につながるものだと考えているからなのかを確認します。この確認が合意形成に繋がります。「上司が忙しそうだから」「上司が他部署を見ていてマーケティングチームに関心がないから」といって、自分で決めて勝手に動くのが最も悪手です。ポーズでも良いので確認してください。

あなた「〇〇の施策を進めても良いですか？」
上司「良いよ」
あなた「では進めますね。結果は2週間後に確認して、共有します。結果がでなければそのデータを元に次の施策を考えます」
上司「わかった」
　という合意形成をとってください。これは2つの意味を持ちます。

- 「あんな仕事に意味あるの」という他メンバーからのツッコミに、上司が「俺が許可した仕事だ」と言える。少なくとも「あいつが提案してきた」とは言える。合意形成していなかったら「あいつが勝手に進めている」になり、施策を止められるリスクが増す
- もし結果が出たときに、あなたが「上司さんがこの施策にGOサインを出してくれたからです。ありがとうございます」と言える。そうすれば、今後も次々と成果が出そうな施策に上司はGOを出すようになる。これが「信じて任せる」につながっていく

　ぜひ、信じて任せるに足りうる合意形成を積み重ねてください。

● 日報は自分の身を守ることにつながる

ひとりマーケターにおすすめしたい習慣が日報です。日報は新卒時代に書いたきり、もうやっていないな、と言う方もいるのではないでしょうか。私はひとりマーケターになってから丸2年間毎日日報を書き続けていて、仕事の仕方の改善や、上司との合意形成に役立てています。

ひとりマーケターになりたての時代、社内交渉や、仕事を外注する場合の見積りの取り寄せ、ホワイトペーパーの作成、顧客ヒアリングの準備などにどれくらいの時間がかかるのか把握できていませんでした。そこで、すべての作業をきちんと日報に残しました。

2020年は新型コロナウイルスの影響で多くの企業が在宅勤務を実施していたでしょう。そんなとき「どんな仕事をしているのか」と聞かれて、証拠になるものを出せないと本当に仕事しているのかと思われてしまいます。毎日詳細に書かれた日報は、仕事をしている証拠の1つになります。

また、成果とはリソースをどこに配分したのかによって変わります。リソースとはお金と時間です。自分の作業時間をどこに使った結果、どこに時間を使えなくなってしまったのか、一日の作業時間のうち自分にしかできないことにどれだけ時間を充てられたのか、などを振り返ることで、確実に仕事の効率を上げられます。

2020年4月2日　ひとりマーケターになって2日目の日報

2020/04/02 #	時間帯	案件ID	タスク	実績工数(m)	メモ・備考
1		その他	スラック打ち返す	30.0	
2		1位奪還関係	記事要件2本	120.0	
3		1位奪還関係	記事を書く	60.0	
4		く違う下ごしらえ関係	さんにGA相談	30.0	
5		1位奪還関係			
6		その他			
7		SEO HACKSブログ関係			
8		1位奪還関係	社内説得	30.0	
9		1位奪還関係	予算の概算を出す	90.0	
10		SEO HACKSブログ関係			
11			記事書く	30.0	
12		SEO HACKSブログ関係	さん記事調整	30.0	
13		Twitter関係	さん電話準備	30.0	
14		PR関係その他	記事一覧、請求書×3	45.0	

半年後にはデザイナーとサイト改善をしながら、インサイドセールス、新規商談もしていました。

2020/10/05	(月)				
#	時間帯	案件ID	タスク	実績工数(m)	メモ・備考
1			社内調整	200.0	
2			デザイナー打ち合わせ準備	30.0	
3			デザイナー打ち合わせ	30.0	
4			定例準備	20.0	
5			定例	30.0	
6			キーワード調査、SS数について	60.0	
7			社内交渉準備	30.0	
8			社内交渉	30.0	
9			架電リスト精査	45.0	
10					
11					
12					

2020/10/07					
#	時間帯	案件ID	タスク	実績工数(m)	メモ・備考
1			商談（　　　　　　　　さま	60.0	
2			社内交渉	75.0	
3			商談　　　打ち合わせ	45.0	
4			営業メンバに電話　社内交渉	20.0	
5			移動	90.0	
6			セミナー打ち合わせ	120.0	
7			商談準備①	30.0	
8			商談準備②	30.0	
9			サイトディレクション	40.0	

1年後、インサイドセールスを継続しつつ、セミナー施策を新たにはじめています。

2021/04/02					
#	時間帯	案件ID	タスク	実績工数(m)	
1		うえ関係 ▼	に架電リスト相談	30.0	b
2			ウィンセッション	30.0	c
3			架電リスト準備	120.0	a
4			予算修正	45.0	c
5			メール	60.0	a
6			セミナー準備	120.0	b
7			請求対応	30.0	c
8					

　また、**日報を書いておくと、上司との合意形成に使える瞬間が必ず来ます。**あなたがひとりマーケターとして仕事をする中で、いつかリソースの限界を感じたときにメンバーを1人追加して欲しいと交渉するとします。そのとき、日報があれば「いまはこの作業にこれだけの時間を費やしている。この作業から手が離れると〇時間が浮いて、新たにこんな作業ができる」と具体的な話ができます。**「時間がないので人手をください」「外注費をください」では、上司は協力したくても協力できません。**

● 日報を書くと外注計画をたてやすくなる

　作業の中には自分でやった方が意外と早いものと、外注した方が早いものがあります。日報を書いておくと「この作業、自分でやったら120分もかかっていたのか。

外注しよう」「これ、1時間かかると思ったら30分でできたから今後も自分でやろう」と外注作業を選別できるようになります。

● 1on1ミーティングを週に1回、必ず実施する

　私が考えるひとりマーケターの上司の仕事とは「ひとりマーケターが結果を出すために情報提供してくれたり、ひとりマーケターが働きかけられない人に、ひとりマーケターの代わりに働きかけたりしてくれる人」です。しかし上司も人なので、こちらが傲慢に働きかけると気持ちよく協力できなくなってしまいます。そのため、私やあなたのようなひとりマーケターは上司が協力しやすい振る舞いをすることが重要です。

　週に1回1on1で上司と二人で話せる場は、上司から貴重な情報を引き出せる機会です。1on1ミーティングで議題がないなんてことはなく、結果を出すために困っていること、それを解決するために欲しい情報、上司にやってほしいことは、こちらが上司を動かすつもりで話しましょう。実際のところ、上司だってその方が動きやすいです。

　私のひとりマーケター時代の最初の上司は、2つの部署の事業部長で当時は10個前後のチームをまとめ、重要な会議にも多数出席していました。できたばかりのマーケティングチームのメンバーは、入社1年半でBtoBマーケティング未経験の私です。上司が突発の用事で予定していた日に1on1ミーティングができなくなった場合は、私から上司に依頼し、必ず別日に1on1ミーティングを実施し、週に1回は必ず行っていました。

　ひとりマーケターの中には上司が相談の時間を押さえてくれない悩みがある方もいるでしょう。上司にスムーズに相談にのってもらうために私が工夫していたのはアジェンダです。まず、1on1ミーティングの準備は自分が主体的に行います。目標の進捗と、相談事項を言葉で具体的に整理しておきましょう。次のように整理します。

【1on1のフォーマット】

7/30

KRの進捗

8/30までの目標問い合わせ数50件→現在30件。予定より-4件
8/30までの目標商談数15件→10件。予定より＋1件

所感

・問い合わせ数

先週公開した資料ダウンロード施策について予定より資料ダウンロード数が伸びなかった。予定では20件ダウンロードされるはずが、13件だった。また祝日を考慮せずに進捗計画をたててしまい、ビハインドした。
リカバリとしては今週30社に電話を予定。今週は問い合わせを3件獲得が目標で、遅延分の4件を含む7件を今週の目標とする。
今週30社に電話をしても、5件はとれそうだが残り2件がどうしても足りなさそうである。

・商談数

予定通りの進捗。2週間前に実施した営業への商談化条件のインストールがうまくいき、提案できるのに辞退している案件が減ったと考えられる。

相談

①相談：お問い合わせ数のリカバリ施策について
2件足りないお問い合わせの獲得について、60社に架電できればまかなえる。
しかし、リソースが足りないため、上司さんにも電話を手伝ってもらいたい。

②共有：次のホワイトペーパーのテーマについて
〇〇について、をテーマにすすめます。8/30公開予定です。

上司はひとりマーケターの私より忙しく、ひとりマーケターの私の仕事よりも複雑で重要な会社の問題と向き合っています。上司と馬が合う、合わないがあり、たとえ認めたくなかったとしても、役職をもてば誰しも非常に複雑でしんどい仕事をしているものです。そんな上司に「こいつの会議の時間は無駄だなー」と思われるとどうなるでしょうか。たった1人のチームなのですから、解体することは容易です。しかし、**たったひとりのチームでも、結果を出そうと努力し、結果の兆しが見えていればしっかり時間を使ってもらえます。**

また、1on1ミーティングに参加するスタンスも大切です。1on1ミーティングの場は報告や、上司が指示を出す場所ではありません。ひとりマーケターが結果を出すために上司から情報を引き出す場所です。

私は「上司の方が高い給与をもらって、社内でいろんな情報に触れているんだから、成果を出すために重要な情報をもっているのは当たり前」と思っています。だから、結果を出すために、いま何に取り組んでいるのか、どんな情報や手助けがあれば結果を出せそうなのか、どんな情報や手助けがなくて困っているのかを開示し、必要な情報を上司から引き出す努力をしています。

● どんな仕事をしているか、些細な行動も社内に発信しよう

社内報への掲載は、社内で目立つこと以外にもメリットがあります。それは人事部や社内広報の人とつながることです。彼らから、相談されやすかったり、彼らに相談しやすい関係値になっていたりすると、マーケティングチームが何か新しい施策に取り組む度に社内報への掲載や、全社会議でのネタの1つに検討してくれます。彼らも常に社内でネタ探しをしているので、ひとりマーケターがネタを提供してくれるのはありがたいからです。

会社の中には数字で評価がされづらい組織があります。ひとりマーケターの仕事も、数字で結果が出るまでは、数字以外のことで何らかの評判や評価を社内で獲得せねばなりません。

社内報の掲載が難しい場合は、全社ミーティングの冒頭や、部署ミーティングの中で3分でも良いのでマーケティング活動の報告タイムをもらい、どんな仮説に基づいてどんな仕事をしているのか社内に共有してみましょう。

ひとりマーケターは結果を出すまでは「やったことをアピール」しても「あんなの意味ないと思うんだけどなあ」と悪気なく周囲から言われてしまうので、結果しかアピールしてはいけないという呪縛に囚われやすいです。新しい取り組みをしてもなかなか受け入れられず、数字成果が求められるひとりマーケターは、**だんだん自分が挑戦したこと、試したことを数字でわかる結果が出るまでアピールしてはいけないと思ってしまいます**。少なくとも私はこの呪縛にとらわれていて、早く結果を出したいと焦っていました。

　今思えばこの焦りは傲慢でもあります。**結果を出すために周囲からの応援を集める努力をせずして、結果だけ出したいと思っているのです**。ですからまずは、応援を集められるように「こんなにいろんな施策をやっている」と行動で圧倒的に目立つ存在になりましょう。全社ミーティングなどでアピールできなくても、毎週上司に「こんなことに気付いた」「こんな数字が伸びると仮定し、こんな施策を打った」と報告することです。そうすればまずは上司が複数人抱える部下の中で、あなたが良い意味で目立つ存在になります。

　経営コンサルタントのHarvey J. Colemanは書籍『Empowering Yourself: The Organizational Game Revealed』（2010年、AuthorHouse）の中で、キャリアの成功はパフォーマンス、イメージ、エクスポージャ（通称、PIE）の3つの要素に基づいている、と述べています。

　①パフォーマンスは結果です。
　②イメージは、言葉の通り、イメージです。あなたが得意な仕事は何なのか、あなたはどんな仕事をしている人なのか、あなたがどんな人なのか、というあなたに関するイメージです。
　③エクスポージャーは目立っているかどうかです。

　①〜③を重要な比率で言うと 1:3:6 です。**仕事のパフォーマンスより目立っているかがキャリアでは大事だというのです**。なんとなく心当たりはありませんか。身の回りでも、大して仕事で結果を出していなくても、社内で目立つポジションにいる人は、次々と新しいチャンスを手にしているような…。**1番の理想は「結果で目立つこと」**です。

　しかし、結果が出るまではせめて、「どんな仕事をしているのか」で目立つ必要があります。紹介されることは恥ずかしいし、まだ結果も出していないのにな、という気持ちになるでしょう。そんなときは「こういうイベントへの協力も含めて給料をいただいている」「人前で話すことも含めてお給料をいただいているんだ」と思って、やってみてください。

　数字でしか評価してもらえないからと、自分がいままでやってきた仕事の内容をアピールしないのはよくありません。「どう思われているか」「目立っているか」は大切な指標です。評価はなるべく納得感をもてるものにできるように企業は努力していると思いますが、平等にはできません。評価に好き嫌いを挟まないようにしていると思いますが、完全に印象論をなくすことはできません。ですから、自分の仕事のアピールは「あんな施策、意味がないと思うけどな」という言葉に負けないでやっておきましょう。

キャリアの成功に与える影響

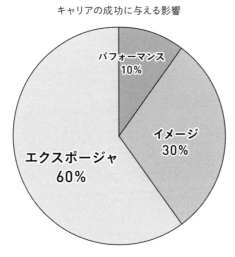

3 Keys to Career Success: The Pieces of PIE、https://www.mondofrank.com/pie/、閲覧日2022年8月25日より作成

● デリゲーションポーカーをしよう

デリゲーションポーカーとは、権限委譲の濃淡を7つに整理したものです。

1. 指示する：管理者として意思決定を行う

2. 売り込む：意思決定に拘わる人々を納得させる

3. 相談する：決定する前に、チームからの意見を得る

4. 同意する：チームと一緒に決定を下す

5. アドバイスする：チームによる意思決定に影響を及ぼす

6. 問い合わせる：チームの意志決定後のフィードバックを求める

7. 委譲する：とくに影響を及ぼさずチームに任せる

たとえば、新しいホワイトペーパーの制作について権限委譲の濃淡のイメージを説明します。

- **新規ホワイトペーパー作成**
  - 内容を決める→相談する。つまり、進捗20％、40％などで、適宜上司に相談しながら進める
  - ホワイトペーパーの配信方法→同意する。つまり、困ったら上司に相談すれば良いが基本的にはひとりマーケター側で広告なのか、SNSなのか、メルマガなのか、すべてやるのかを考えて上司に最終同意をとる
  - デザイン→委譲する。つまり、ひとりマーケターに上司から権限が委譲されているので、自分で決めて公開してOK。上司への進捗確認も不要。最終公開後に共有すればOK。

このように1つのタスクだけとっても、「これって上司にどこまで相談するんだっけ」というのが発生するのが仕事です。

確認をしなさすぎると公開後に「何ひとりで進めてんだ！」となります。私は「これってどこまで上司に確認したら良いの…」と思ったら、その都度「上司さん、これは委譲ですか？　同意ですか？　相談しながら進めて欲しいですか？　上司さんが考えて私に指示しますか？」と確認しています。

ひとりマーケターの中には上司に報告や確認をしすぎると面倒がられてしまう、と不安に思っている方もいるでしょう。**しかし安心してください。報告、連絡、相談の正しい頻度はあなたが決めるものではなく、上司が決めるものだからです。**

報告、連絡、相談はやりすぎるくらいしておき、やがて上司から「これはいちいち報告いらない」と言われたら、それはもう「この部分はお前に任せたんだ」という意味です。報告をしなさすぎて怒られることはあっても、報告をしすぎて怒られることはないと思いますので、上司には細かく報告しましょう。

2-3 | 予算の管理と交渉方法

最初に注意書きとなりますが、本書で計算に用いた数字は計算しやすいようにあえてわかりやすい数字を用いたものであるため、数字に現実味がない部分があることはご容赦ください。予算管理の方法は会社によっても異なるので、これが正解というわけではありません。ひとりマーケターだった当時、予算も小さいために、自己流の管理方法を認めていただいていたので、私は次の方法で管理していました。とくにひとりマーケターの場合、予算管理の方法は人から教わる機会がないと思いますので、参考にしてください。また、管理のシートは書籍のページ構造上みづらくなっています。Excelで同じものを見れるようにしているため、必要な方は巻頭のURLからExcelの表と照らし合わせながらご覧いただけますと幸いです。

● 最初のステップは記録から

マーケティング担当者になり予算を任されると、会社のお金を使って調査や広告を実施できるようになります。正しく運用して効果を最大限にするべきですが、いきなり完璧には運用できないものです。

まずは記録を取る習慣をつけましょう。どこに、何月、いくら使ったのかの記録は、今後もマーケティング担当者であり続ける限りずっと続けていくことです。この記録を分析すれば、どこに、いつ、いくら使えば効果を最大限にできるのか、少しずつ予想できるようになります。

予算管理シートは次の目的で運用します。
- 使える予算を把握する
- 使える予算をオーバーしないようにする
- 後で、どこにいくら使ったのかわかるようにする

また、予算管理シートは次のことがわかれば十分です。

- **年間予算の合計**
- **1 〜 12月の各月で、いくら使う予定なのか**
- **各月で、実際にいくら使ったのか**

予算管理シート

使用可能金額	3,000,000
使用予定＋使用済み金額	2,973,000
残額	27,000

	1月	2月	3月	4月	5月	6月	7
広告		50,000	50,000	50,000	50,000	50,000	50,
ホワイトペーパー作成外注	100,000			100,000			100
記事制作外注				100,000	100,000		100
サイト制作外注	100,000	100,000	100,000	100,000	100,000	100,000	150
o✗ツール				30,000	30,000	30,000	30

	7月	8月	9月	10月	11月	12月
広告	50,000	50,000	50,000	50,000	50,000	3,000
ホワイトペーパー作成外注	100,000			100,000		
記事制作外注	100,000	100,000		100,000	100,000	
サイト制作外注	150,000	100,000	100,000	100,000	100,000	50,000
o✗ツール	30,000	30,000	30,000	30,000	30,000	30,000

　このくらい簡単なもので問題ありません。あなたの会社の年度始まりが4月からでしたら、1月からではなく4月スタートで管理表を作成してください。これが準備できたら、実際に運用してみましょう。見づらい方は巻頭のURLからExcelをご確認ください。

　今が7月1日だと仮定し、運用を続けるとこのシートの数字がどう変わるのか見てみましょう。

予算管理シート　7/1更新版

使用可能金額	3,000,000
使用予定＋使用済み金額	2,993,000
残額	7,000

	1月	2月	3月	4月	5月	6月	7
広告		50,000	50,000	50,000	50,000	50,000	50
ホワイトペーパー作成外注	100,000			100,000			100
記事制作外注				100,000	100,000		100
サイト制作外注	100,000	100,000	150,000	100,000	100,000	100,000	150
o✗ツール		30,000	30,000	30,000	30,000	0	
△ツール							
文字起こし外注費							

	7月	8月	9月	10月	11月	12月
広告	50,000	50,000	50,000	50,000	50,000	3,000
ホワイトペーパー作成外注	100,000			100,000		
記事制作外注	100,000	100,000		100,000	100,000	
サイト制作外注	150,000	150,000	100,000	100,000	100,000	50,000
o✗ツール	0	0	0	0	0	0
△ツール			10,000	10,000	10,000	10,000
文字起こし外注費		10,000		10,000		10,000

運用しながら入力するのは次の3点です。

①請求実績

1〜6月はすでに請求額が決まっているので、請求実績を入れられます。たとえば、当初の「サイト制作外注」は月に10万円を予定していましたが、予算管理シート7/1更新版の3月は15万円分を発注しています。

②当月以降の見込み費用

広告費は、12月はひとりマーケターとしての仕事も忙しく、広告運用に時間をかけられないので、3,000円にします。

Webサイトの施策実装については、7月と8月は多めに実装したいとします。そのため「サイト制作外注」は7、8月が15万円になっています。また「○×ツール」は、ひとりでは使いこなせなかったので6月に契約を終了したと仮定します。そのため予算管理シート7/1更新版は6月以降、「○×ツール」の費用は0円になっています。代わりにさらに安い「△ツール」を9月から導入します。また、8、10、11月は顧客にヒアリングを行うので、そのヒアリングを文字起こしする「文字起こし外注費」を見込んでいます。

③残額

使用可能金額から、請求実績と当月以降の見込みをすべて足した数字を引きます。もしマイナスになったら、予算をオーバーしています。どこかの見込み費用を削るか、上司に相談して予算を増やしてもらう必要があります。

● 記録を元にどこにお金を使うのか決める

お金の使い道は、問い合わせ数のみで判断しようとしないで、自分の工数削減ができるのか、自分がやるよりも時間効率が良いのかも意識しましょう。

たとえばサイト制作は、自分でHTMLやCSSを書ける場合は自分で行っても良いでしょう。プロに任せたほうが早いなら、お任せしましょう。

ホワイトペーパーの作成や記事制作は、すべて自分で行えば忙しすぎて完成せずに止まってしまう可能性があります。その場合は外注して、まずは完成までもっていくようにしましょう。

日程調整ツールは500円/月前後や、1アカウントならば無料のものが存在します。MAツールも機能は限られますが無料ツールがあります。自分ひとりですべての業務を対応すると1日があっという間にすぎてしまい、施策の分析などの考える仕事ができない場合はツールを頼りましょう。

GASやマクロを書ける方に外注し、いつもやっている定常業務を自動化するのも外注費の使い道としておすすめします。

● 予算獲得交渉のシミュレーションは未来の約束
　必要な予算を獲得する際は、上記の予算管理よりも詳しい数字の情報が必要です。予算獲得交渉では「いくらの予算をいただけたら、これだけ受注額を増やします」と示し、経営層を納得させる必要があります。

　シミュレーションは外部環境の変化や、読みどおりにいかないこともあるので、100%精緻に示すことは難しいかもしれません。だからといって数値遊びになってしまったり、現実性のない数字を見せたりしてはいけません。**予算獲得は「いくらの予算をいただけたら、これだけ受注額を増やします」という約束をする場でもあります。守れる約束を示しましょう。**

　予算交渉のためのシミュレーション作成の流れは、次のようになります。

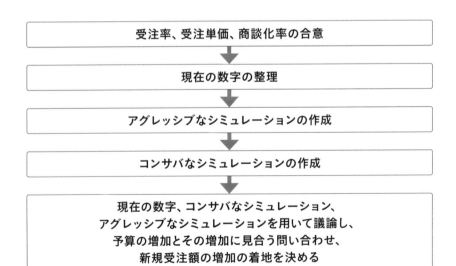

シミュレーションで示すのは次の内容です。

- いくら、どこに追加するのか
- それにより、何の数字が、どう変わるのか
- その結果、受注金額がいくら増えるのか

● 受注率、受注単価、商談化率の合意

受注金額を示すため、1章でお話した受注率と受注単価、商談化率をまずは経営層と合意をしておきましょう。予算交渉日当日ではなく、メールやチャット、上司を介してシミュレーションを作る前に合意することがポイントです。

シミュレーションをつくるには今年の数字でも、昨年の数字でも良いので、事実の数字をまとめることからはじめましょう。

知りたいのは、次の数字です。

- 新規の受注額（昨年度でも可）
- 新規の受注件数（昨年度でも可）
- 新規の提案数（昨年度でも可）
- 新規の問い合わせ数（昨年度でも可）

ここでは次のように仮定します。

- 新規の受注額（昨年度でも可）：4,987万円
- 新規の受注件数（昨年度でも可）：14件
- 新規の提案数（昨年度でも可）：150件
- 新規の問い合わせ数（昨年度でも可）：384件。内訳は広告経由12件、ウェブサイトから360件、資料ダウンロードからの転換が12件。

これで受注単価、受注率、お問い合わせが提案に転換する商談化率がわかります。

受注単価：4,987万円÷14件＝約356万円

受注率：14件÷150件×100＝9%

商談化率：150÷384×100＝39.0%

現在の新規受注額が4,987万円です。あなたは4,987万円を、5,500万円や6,000万円にするために予算を交渉します。予算交渉の際、受注単価、受注率、商談化率は現在のままと仮定してシミュレーションを引くことを事前に予算交渉の相手と合意しましょう。

この合意をなしにシミュレーションを引いてしまうと「受注率が下がった場合はどうするんだ？」「受注単価が下がった場合はどうするんだ？」という議論に発展しかねません。このような議論は予算を決め、その予算に見合った問い合わせ数を確保できるとしてから検討すれば良いです。企業によってはマーケターに受注金額よりも問い合わせ数の確保を期待する場合もあるので、その場合は受注率や受注単価を合意する必要はなく、現在の問い合わせ数をどのくらい増やすのかを整理します。

予算交渉準備①　受注率、受注単価、商談化率の合意で集めたい数字情報

数字を用意するフェーズ	知りたいこと（単位）	本
受注率、受注単価、商談化率の合意	新規の受注額	
受注率、受注単価、商談化率の合意	新規の受注件数（件）	
受注率、受注単価、商談化率の合意	新規の提案数（件）	
受注率、受注単価、商談化率の合意	新規の年間問い合わせ数（件）	
受注率、受注単価、商談化率の合意	受注率（%）	
受注率、受注単価、商談化率の合意	受注単価（万円）	
受注率、受注単価、商談化率の合意	商談化率（%）	

本書で仮定する数字	数字の出し方
4,987万円	詳細は1章参照。昨年の数字でもよいので営業に確認する
14	詳細は1章参照。昨年の数字でもよいので営業に確認する
150	詳細は1章参照。昨年の数字でもよいので営業に確認する
384	詳細は1章参照。昨年の数字でもよいので営業に確認する
9%	詳細は1章参照。計算式は受注件数÷提案件数
356	詳細は1章参照。計算式は受注総額÷受注件数
39%	詳細は1章参照。計算式は提案数（商談化数）÷問い合わせ数

● 現在の数字の整理

つづいて、問い合わせ獲得数を整理してみましょう。ここでは現在の問い合わせ獲得しているチャネルと問い合わせ数を次の数値と仮定します。

①広告

運用している広告アカウントを見に行けばすぐに確認できますね。ここでは問い合わせは月に1件、資料ダウンロードは月に5件獲得しているとします。※自社の実際の数字を反映してください。

②ウェブサイトからの問い合わせ

ウェブサイトからの問い合わせは、問い合わせ数だけではなく、セッション数とコンバージョン率も調べます。

Googleアナリティクスなどで調べた結果、次の数値とします。
サイト来訪者数30,000セッション/月
問い合わせ数30人/月

その場合、コンバージョン率は次の通りです。

問い合わせコンバージョン率

問い合わせ数30÷セッション数30,000×100＝0.1％

---

③資料ダウンロードした人が問い合わせ転換

資料ダウンロードした人が問い合わせ転換する場合は、次のように考えられます。

- **サイト来訪者数30,000セッション/月**
- **資料ダウンロード数45件/月**
- **資料ダウンロードした人のうち、問い合わせしている数　1件/月**

この場合、資料ダウンロードのコンバージョン率と、資料ダウンロードからのお問い合わせ転換率は次のように求められます。

資料ダウンロードコンバージョン率

資料ダウンロード数45件/月÷サイト来訪者数30,000セッション×100％
＝0.15％

資料ダウンロードからのお問い合わせ転換率

資料ダウンロードした人のうち、問い合わせしている数1件÷資料ダウンロード数45件×100＝資料ダウンロードからのお問い合わせ転換率2.22％

資料ダウンロードは同じ人が2回ダウンロードしている場合もあるので資料ダウンロードの総数に0.8〜0.9を掛けて計算しておくこともあります。資料ダウンロード者の重複率は月の資料ダウンロード数が100件を超えてからを目安に考慮すると良いでしょう。

　今回は広告、資料ダウンロード、Web問い合わせで問い合わせを獲得している想定です。もし展示会をしていたら「展示会で獲得する名刺の数」「展示会以降に商談できた数」を調べ、「展示会からの問い合わせ転換率」も出しておきましょう。また、チラシを配っていたら「チラシの配布枚数」「配布したうち問い合わせになった数」「チラシからの問い合わせ転換率」も出しましょう。

予算交渉準備② 現在の数字の整理で集めたい数字情報

現在の数字の整理	月間広告経由問い合わせ数（件）
現在の数字の整理	月間広告経由資料ダウンロード数（件）
現在の数字の整理	月間ウェブ問い合わせ（広告除く）（件）
現在の数字の整理	月間ウェブ資料ダウンロード数（広告含む）（件）
現在の数字の整理	月間ウェブ資料ダウンロードから問い合わせへの転換率（％）
現在の数字の整理	月間ウェブ資料ダウンロードから問い合わせへ転換する数（件）
現在の数字の整理	セッション数（セッション）
現在の数字の整理	問い合わせコンバージョン率（％）
現在の数字の整理	資料ダウンロードコンバージョン率（％）

1	広告管理画面やGoogleアナリティクスで確認
5	広告管理画面やGoogleアナリティクスで確認
30	Googleアナリティクスで確認
45	Googleアナリティクスで確認
2.22%	資料ダウンロードしてから問い合わせした企業の数÷資料ダウンロード数
1	資料ダウンロードしてから問い合わせしている企業の数を調べる
30,000	Googleアナリティクスで確認
0.10%	ウェブ問い合わせ数÷セッション数
0.15%	ウェブ資料ダウンロード数÷セッション数

　つづいて現在かかっているお金を整理します。これも想像ではなく、これまでの請求内容を見ながら実際の数字を出してみてください。

①広告
　ここでは資料ダウンロード1件あたり単価1万円、問い合わせ1件獲得あたり単価3万円とします。広告管理画面などを見て調べましょう。

②ウェブサイトからの問い合わせ、資料ダウンロード獲得のための費用

　ウェブサイトからの問い合わせを獲得するためにかかる費用を整理します。各自請求書や、見積もり書を見て調べてみましょう。請求書や見積もりがない場合はインターネットで相場を調べて仮で入れておきましょう。

　ここでは次のようなウェブサイト運営費をかけているとします。

- 制作会社：8万円/月　　● ブログ記事制作外注：1本5万円（毎月3本作製）
- バナー制作　1本：1万円（毎月3本作製）　　● サーバー代：1万円/月

予算交渉準備③　現在の数字の整理で集めたい費用情報

現在の数字の整理	問い合わせ獲得広告単価（円）
現在の数字の整理	資料ダウンロード獲得広告単価（円）
現在の数字の整理	月額サイト制作外注費（円）
現在の数字の整理	月額サーバー代（円）
現在の数字の整理	記事制作1本あたりの単価（円）
現在の数字の整理	バナー制作1本あたりの単価（円）
現在の数字の整理	年間記事制作本数（本）
現在の数字の整理	年間バナー制作本数（本）

30,000	広告管理画面で確認
10,000	広告管理画面で確認
80,000	請求を確認、または見積もりを取る
10,000	請求を確認、または見積もりを取る
50,000	請求を確認、または見積もりを取る
10,000	請求を確認、または見積もりを取る
36	過去実績を確認
36	過去実績を確認

　以上から年間で使用しているマーケティング費用は次となります（読者の方は自社の数字で計算してくださいね）。

月額サイト制作外注費8万円×12カ月＝96万円

サーバー代1万円×12カ月＝12万円

記事制作1本あたりの単価5万円×年間記事制作本数36本＝180万円

バナー制作1本あたりの単価1万円×年間バナー制作本数36本＝36万円

月間広告経由問い合わせ数1件×12カ月×問い合わせ獲得広告単価3万円＝36万円

月間広告経由資料ダウンロード数5件×12カ月×資料ダウンロード獲得広告単価1万円＝60万円

合計：96万円＋12万円＋180万円＋36万円＋36万円＋60万円＝420万円

ここまででまとめた数字の一覧です。アグレッシブなシミュレーションやコンサバなシミュレーションを作り始めますが、その際も、整理した現在の数字に立ち返りますので、数字がわからなくなったらこのページに戻ってきてください。

予算交渉準備④（予算交渉の準備
これまで集めた表①、表②、表③のサマリーです）

数字を用意するフェーズ	知りたいこと（単位）	本書で仮定する数字	数字の出し方
受注率、受注単価、商談化率の合意	新規の受注額	4,987万円	詳細は1章参照。昨年の数字でもよいので営業に確認する
受注率、受注単価、商談化率の合意	新規の受注件数（件）	14	詳細は1章参照。昨年の数字でもよいので営業に確認する
受注率、受注単価、商談化率の合意	新規の提案数（件）	150	詳細は1章参照。昨年の数字でもよいので営業に確認する
受注率、受注単価、商談化率の合意	新規の年間問い合わせ数（件）	384	詳細は1章参照。昨年の数字でもよいので営業に確認する
受注率、受注単価、商談化率の合意	受注率（％）	9%	詳細は1章参照。計算式は受注件数÷提案件数
受注率、受注単価、商談化率の合意	受注単価（万円）	356	詳細は1章参照。計算式は受注総額÷受注件数
受注率、受注単価、商談化率の合意	商談化率（％）	39%	詳細は1章参照。計算式は提案数（商談化数）÷問い合わせ数
現在の数字の整理	月間広告経由問い合わせ数（件）	1	広告管理画面やGoogleアナリティクスで確認
現在の数字の整理	月間広告経由資料ダウンロード数（件）	5	広告管理画面やGoogleアナリティクスで確認
現在の数字の整理	月間ウェブ問い合わせ（広告除く）（件）	30	Googleアナリティクスで確認
現在の数字の整理	月間ウェブ資料ダウンロード数（広告含む）（件）	45	Googleアナリティクスで確認
現在の数字の整理	月間ウェブ資料ダウンロードから問い合わせへの転換率（％）	2.22%	資料ダウンロードしてから問い合わせした企業の数÷資料ダウンロード数
現在の数字の整理	月間ウェブ資料ダウンロードから問い合わせへ転換する数（件）	1	資料ダウンロードしてから問い合わせしている企業の数を調べる
現在の数字の整理	セッション数（セッション）	30,000	Googleアナリティクスで確認
現在の数字の整理	問い合わせコンバージョン率（％）	0.10%	ウェブ問い合わせ数÷セッション数
現在の数字の整理	資料ダウンロードコンバージョン率（％）	0.15%	ウェブ資料ダウンロード数÷セッション数
現在の数字の整理	問い合わせ獲得広告単価（円）	30,000	広告管理画面で確認
現在の数字の整理	資料ダウンロード獲得広告単価（円）	10,000	広告管理画面で確認
現在の数字の整理	月額サイト制作外注費（円）	80,000	請求を確認、または見積もりを取る
現在の数字の整理	月額サーバー代（円）	10,000	請求を確認、または見積もりを取る
現在の数字の整理	記事制作1本あたりの単価（円）	50,000	請求を確認、または見積もりを取る
現在の数字の整理	バナー制作1本あたりの単価（円）	10,000	請求を確認、または見積もりを取る
現在の数字の整理	年間記事制作本数（本）	36	過去実績を確認
現在の数字の整理	年間バナー制作本数（本）	36	過去実績を確認
現在の数字の整理	年間使っている費用総額（万円）	420	企業によって異なる。解説は表枠下に記載。420万円は次の合計。月額サイト制作外注費8万円×12ヶ月＝96万円 サーバー代1万円×12ヶ月＝12万円 記事制作1本あたりの単価5万円×年間記事制作本数36本＝180万円 バナー制作1本あたりの単価1万円×年間バナー制作本数36本＝36万円 月間広告経由問い合わせ数1件×12ヶ月×問い合わせ獲得広告単価3万円＝36万円 月間広告経由資料ダウンロード数5件×12ヶ月×資料ダウンロード獲得広告単価1万円＝60万円

これらを月次の表にあてはめると次のようになります。これがシミュレーションの元になります。調べた情報を、問い合わせ数と金額に分けて、月次で入力しています。

予算シミュレーション　現在の問い合わせ数と金額を月次で整理したもの

年間使っている費用総額	4,200,000
新規の受注額	4,987
新規の受注件数（件）	15
新規の提案件数（件）	150
新規の年間問い合わせ数（件）	384
受注率（%）	9%
受注単価（万円）	356
商談化率（%）	39%

	1月	2月	3月	4月
問い合わせ数				
月間広告経由問い合わせ数（件）	1	1	1	
月間広告経由資料ダウンロード数（件）	5	5	5	
月間広告経由問い合わせ数（件）	1	1	1	
月間広告経由資料ダウンロード数（件）	5	5	5	
月間ウェブ問い合わせ（広告除く）（件）	30	30	30	
月間ウェブ資料ダウンロード数（広告含む）（件）	45	45	45	
月間ウェブ資料ダウンロードから問い合わせへの転換率（%）	2.22%	2.22%	2.22%	
月間ウェブ資料ダウンロードから問い合わせへ転換する数（件）	1	1	1	
セッション数（セッション）	30,000	30,000	30,000	
問い合わせコンバージョン率（%）	0.10%	0.10%	0.10%	
資料ダウンロードコンバージョン率（%）	0.15%	0.15%	0.15%	
年間記事制作本数（本）	3	3	3	
年間バナー制作本数（本）	3	3	3	
金額の整理				
問い合わせ獲得広告単価（円）	30,000	0	0	
資料ダウンロード獲得広告単価（円）	10,000	10,000	10,000	
記事制作1本あたりの単価（円）	50,000	50,000	50,000	
バナー制作1本あたりの単価（円）	10,000	10,000	10,000	
月額サイト制作外注費（円）	80,000	80,000	80,000	
月額サーバー代（円）	10,000	10,000	10,000	

4月	5月	6月	7月	8月	9月	10月	11月	12月	
1	1	1	1	1	1	1	1	1	1
5	5	5	5	5	5	5	5	5	5
1	1	1	1	1	1	1	1	1	1
5	5	5	5	5	5	5	5	5	5
30	30	30	30	30	30	30	30	30	30
45	45	45	45	45	45	45	45	45	45
2.22%	2.22%	2.22%	2.22%	2.22%	2.22%	2.22%	2.22%	3%	3%
1	1	1	1	1	1	1	1	1	1
30,000	30,000	30,000	30,000	30,000	30,000	30,000	30,000	30,000	30,000
0.10%	0.10%	0.10%	0.10%	0.10%	0.10%	0.10%	0.10%	0.10%	0.10%
0.15%	0.15%	0.15%	0.15%	0.15%	0.15%	0.15%	0.15%	0.15%	0.15%
3	3	3	3	3	3	3	3	3	3
3	3	3	3	3	3	3	3	3	3
0	0	0	0	0	0	0	0	0	0
10,000	10,000	10,000	10,000	10,000	10,000	10,000	10,000	10,000	10,000
50,000	50,000	50,000	50,000	50,000	50,000	50,000	50,000	50,000	50,000
10,000	10,000	10,000	10,000	10,000	10,000	10,000	10,000	10,000	10,000
80,000	80,000	80,000	80,000	80,000	80,000	80,000	80,000	80,000	80,000
10,000	10,000	10,000	10,000	10,000	10,000	10,000	10,000	10,000	10,000

　本書では月間広告経由問い合わせ数（件）は毎月1件ですが、あなたが実際に調べたときに1月は2件、2月は5件などバラつきがあれば、各月の正確な問い合わせ数を入れてください。

　また、あなたの企業が展示会に出展していたら、出展料100万円なども年間で使っている費用に含んでください。

● アグレッシブなシミュレーションの作成

シミュレーションはアグレッシブなシミュレーションとコンサバなシミュレーションの2つを作ります。

コンサバなシミュレーションは母数や、率の伸びを現実的に読んだものです。現実的に考えればこのくらいは達成できる、という数値を設定してください。アグレッシブは経営層や上司が望む数字です。経営層や上司が望む数字が現場で数字を作るあなたから見ても現実的であれば、現実的に作った数字と差異がないので、すぐに合意できるでしょう。

多くの場合は、コンサバに作った数字と、アグレッシブに作った数字で意見のすり合わせが行われます。「アグレッシブの数字まで問い合わせ数を伸ばして欲しいなら、あと〇円が必要です」または「その金額ならば、このくらいの問い合わせ数の増加が妥当です」と伝える必要があります。そのためにコンサバなシミュレーションとアグレッシブの2つのシミュレーションを作ります。

まずはアグレッシブなシミュレーションを考えましょう。シミュレーション作成は「〇件の問い合わせを獲得し、〇円受注するので、〇円ください」という順序です。

アグレッシブなシミュレーションをつくるには1章で解説した目標の問い合わせ数が必要です。目標問い合わせ数を年間434件と仮定します。

年間434件の問い合わせを獲得した場合の新規受注額は、問い合わせ単価、商談化率、受注率、受注単価が変わらない場合は次のように求める事ができます。

年間問い合わせ数が434件になった場合に増える受注額

問い合わせ数434件×商談化率39％×受注率9％×受注単価356万円

＝年間約5,423万円

目標問い合わせ数434件 - 現在の問い合わせ数384 = 50件

5,423万円 - 現在の新規受注額4,987万円 =436万円

よって、問い合わせ数が50件増えれば436万円、新規受注が増える

続いては50件獲得するのに必要な金額を考えます。現在、384件の問い合わせを獲得し、4,987万円の受注があり、年間420万円投資されていると本書では仮定しています。

問い合わせ獲得単価
年間のマーケティング費用420万円÷年間の問い合わせ数384件＝問い合わせ獲得単価10,937円

50件獲得する場合の金額
50件×問い合わせ獲得単価10,937円＝546,850円

「約54万円（546,850円）追加投資すれば、50件の問い合わせが増えて、受注額が436万円増える」というのがアグレッシブなシミュレーションです。

● コンサバなシミュレーションの作成

さて、ここからあなたは本当に約54万円（546,850円）の追加で50件の問い合わせを取れるのか考えなければなりません。考える手順はいろいろありますが、私が知る限り最も単純でひとりマーケターが扱いやすいものをご紹介します。**何度も書いているとおり、予算交渉は経営層とあなたの約束の場です。そのため、アグレッシブな数字を安請け合いしないようにしましょう。**

最も考えやすいのは現在の問い合わせ獲得単価を「読み直し」することです。読み直し、とは私が勝手に使っている言葉で一般的な言葉ではないため解説します。読み直しとは現在の問い合わせ獲得単価が本書では10,937円としていますが、この金額が増えたり減ったりする可能性を考慮することです。いつもこの金額で問い合わせ獲得ができるとは限らないからです。

たとえば現在の問い合わせ獲得単価が1.2倍になってしまったら、50件の問い合わせ獲得はいくらかかるでしょうか。

問い合わせ獲得単価10,937×1.2倍×50件＝約65万円（656,220円）

つまり、問い合わせ単価をコンサバに考えたシミュレーションでは「65万円追加投資すれば、50件の問い合わせが増えて、受注額が436万円増える可能性がある」というものです。今回は獲得単価が1.2倍になった想定で出していますが、広告単価が上がった想定など様々なパターンでコンサバな数字を出しておきましょう。

また、もう1つの考え方として施策にかかる費用から逆算する方法もあります。

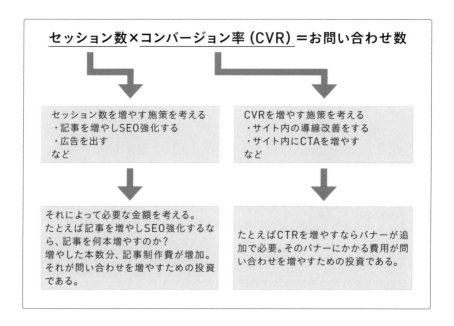

> ### セッション数×コンバージョン率（CVR）＝お問い合わせ数
>
> | セッション数を増やす施策を考える
・記事を増やしSEO強化する
・広告を出す
など | CVRを増やす施策を考える
・サイト内の導線改善をする
・サイト内にCTAを増やす
など |
> |---|---|
> | それによって必要な金額を考える。
たとえば記事を増やしSEO強化するなら、記事を何本増やすのか？
増やした本数分、記事制作費が増加。それが問い合わせを増やすための投資である。 | たとえばCTRを増やすならバナーが追加で必要。そのバナーにかかる費用が問い合わせを増やすための投資である。 |

　問い合わせ数を434件にするには、50件の問い合わせが必要なので、50件÷12カ月＝月に4.1件の問い合わせが必要です。ここでは未達を避けるために5件の問い合わせを毎月追加で獲得すると仮定します。

　ここで現在の問い合わせ数を確認しておきます。「予算交渉準備④」を見てください。これによると月間ウェブ問い合わせ（広告除く）は現在30件/月なので、来年は5件追加で月に35件獲得を目指すことになります。35件の問い合わせを獲得するにはどうすれば良いでしょうか。ウェブの問い合わせは「セッション数×問い合わせコンバージョン率＝問い合わせ」なので、**セッション数かコンバージョン率を増やさなければなりません。**

そこで、セッション数を増やすために記事の制作本数を毎月3本から毎月5本、コンバージョン率を増やすためにバナーの制作本数を毎月3本から5本に増やしたほうが良い、とあなたが考えたとします。**これが施策です。**

現在、記事制作は月に3本×12カ月＝36本、記事制作費は1本あたり5万円と仮定しています。バナー制作は月に3本で、金額は1本あたり1万円です。

現在の記事制作費

3本×12カ月×5万円＝180万円

現在のバナー制作費

3本×12カ月×1万円＝36万円

434件の問い合わせ獲得を目指す場合の記事制作費
（セッション数増加を目的に記事制作を強化する）

5本×12カ月×5万円＝300万円

434件の問い合わせ獲得を目指す場合のバナー制作費
（コンバージョン率改善を目的にバナーを強化する）

5本×12カ月×1万円＝60万円

現在の記事制作費＋現在のバナー制作費＝216万円
434件の問い合わせ獲得を目指すための記事制作費＋434件の問い合わせ獲得を目指す場合のバナー制作費＝360万円

360万円－216万円＝144万円の追加投資が必要

上記の計算となります。アグレッシブなシミュレーションでは約54万円の追加投資で50件の問い合わせ増加を見込んでいましたが、コンサバに考えていくと144万円の追加投資が必要ではないか？と仮説が立ちます。アグレッシブなシミュレーションでは「約54万円（546,850円）追加投資すれば、50件の問い合わせが増える」だったので、比べてみると必要な金額の違いがわかります。金額の大きさが大きいほど、交渉は難航しますし、後からやっぱり必要でした、と言いにくいものです。

アグレッシブなシミュレーションで満足をせず、ほかの計算ロジックで必要な費用をコンサバに計算しておきましょう。

● 現在の数字、コンサバなシミュレーション、
アグレッシブなシミュレーションを用いて議論

　最後はコンサバなシミュレーションと経営層が求めるアグレッシブなシミュレーションを見ながら議論を重ね、現実的な着地を探ります。この議論を進めるうえで覚えておいて欲しいことは次の3点です。

1. 問い合わせ数と、問い合わせ数を構成する要素の増加率が納得できるものであり、無茶な増加ではない着地にする。
2. 無茶な増加があれば「議論の時間がないから」と妥協せず、その数字を達成するために必要な予算や人手の交渉を行う。
3. 人手が足りないのであれば、毎日書いている日報を整理して「これだけの予算をいただいても、人手が足りないと予算を使い切れません」と伝えておく→人手不足の解決策は採用か外注であるが、外注の方が失敗リスクは低く、費用を読みやすいので予算を通しやすくおすすめ。

　最後に、シミュレーション作成時に私が気を付けていることを紹介します。

①問い合わせや商談の数字を増やすには、母数を増やすか、率を増やすかである。つまり、追加でいただく予算は母数を増やすか、率を増やすかのどちらかに使う。
　たとえば、Web経由の問い合わせなら、サイト来訪者数＝母数、コンバージョン率＝率、これらのどちらかが増えることで、問い合わせ数は増える。展示会による問い合わせ数も同じく、展示会での名刺獲得数＝母数、そのうち問い合わせになる確率＝率、この掛け合わせが問い合わせ数である。
②母数を増やすと、率は下がる傾向にある。母数を増やすことに予算を使う場合は、率を維持できるか、率が下がるのを防ぐにはどうすれば良いかも、考えておくこと。
③母数と率のどこにお金を使えば、問い合わせが増加するのかを示すためにシミュレーションを組むのであって、細かい施策はこの時点では未定でも問題ない。ただし、どんな施策が考えられるのかは大まかに整理しておくこと。
④シミュレーションの表で表現できない数字のロジックは文章でも良いのでシミュレーションの表内に記載しておくこと。

　ここからはようやく具体的な施策の話に入っていきます。これまでは目標設定や上司との関係づくりについて書きました。それが整っていないと施策は実行できないか、実行しようとしても前に進まない、進みが遅い、成果を出しても適切に評価してもらえない可能性があったため、じっくり説明させていただきました。

　そのため、ノウハウや施策知識を得るのと同時平行で、ここまでの上司との関係値作りは努力して取り組んでもらいたいです。仕事が上手くいかなかったとき、上司のせいにするのは簡単です。しかし、上司を動かすことも含めて自分の仕事の1つでもあります。やりきってダメならば仕方がないのですが、勇気がなくて上司に確認できない、意見できない、ということであれば、ここまでのお話があなたの勇気になり上司と合意形成を獲得するきっかけになれば幸いです。

　また、本章の冒頭で書いたとおり、ひとりマーケターの仕事は短期で成果が出るものばかりではありません。そのため、すぐに結果が出なくても、上司から「この人に任せればいずれ結果が出そうだ」と信じてもらえるように、上司と合意形成をしておくことが大切です。

　3章以降は社内交渉のノウハウ、短期的に成果に結びつきやすいスキル、具体的な施策をご紹介します。

- あなたは、あなたの上司が「この人に任せればマーケティングで結果が出そうだ」と思えるように、普段どのようなことをしていますか。

- なぜ、ひとりマーケターは合意形成が大切なのでしょうか。

- あなたの会社が昨年度に使用したマーケティング費用はいくらでしょうか。知らない場合は、過去の請求書などを経理から取り寄せて調べてみましょう。

- 本章で集めたい情報：昨年度マーケティングにかけた費用

- 1章で集めた情報（本章で集める情報：新規受注額、新規受注数、問い合わせ数、有効商談数、受注単価）と組み合わせて、将来の予算計画を立てることができます。

経営目線を養う コラム

ひとりマーケターの目標設定と人事評価

● 目標設定の重要性

私は、マネージャーの仕事は大きく分けて3つあると考えています。

第一に、チームが求められている成果を達成すること
第二に、チームに所属するメンバーに挑戦機会を与え、正しく評価すること
第三に、チームメンバーの人生の障害に寄り添い、できる限りの協力をすること

チームとして成果を出していくことを大前提ですが、その過程でメンバーに挑戦機会がなく、キャリアアップが望めなければメンバーは離脱してしまいます。メンバーの能力や意思を鑑みながら適切な挑戦機会を用意し、結果を出せるよう助言をし、このプロセスと結果の両面をできうる限り客観的に評価する必要があります。

ひとりマーケターの大澤についても、私は私と大澤の2人のチームだと思って接していました。チームとして、成果を達成することを第一に考えながらも、大澤に挑戦の機会を与え、結果を出すための助言をし、できうる限りまっとうな人事評価をしたいと考えていました（これは大澤だけでなく、すべてのメンバーに対して、ですが）。

客観的な評価をする際に、重要なのは「定量的な指標」です。

定性的な評価はどうしても感覚論に陥りがちですし、マーケティングに関わる仕事は定量化しやすいケースも多いので、何を評価の物差しとするのかをきちんと部下とすり合わせるのが良いでしょう。

当社のマーケティング機能の立て直し局面においては、Webサイト経由での受注を増加させるというのがひとりマーケターの主要なミッションであったため、当時は次のような指標をすべて管理票で追いかけながら実施すべき施策を検討していました。

1：Webサイトへのアクセス数
2：Webサイト経由の問い合わせ数
3：Webサイト経由のナイル基準で顧客対象となり得る企業との商談数
　　（有効商談数と呼ぶ）
4：Webサイト経由の受注率
5：Webサイト経由の受注数
6：Webサイト経由の受注金額　など

　Webサイト経由での受注を増やしていくプロセスにおいて、マーケティング機能と営業機能の境界をどこに据えるかは非常に重要なテーマでした。

　Webサイトへのアクセス数やWebサイト経由の問い合わせ数は営業が介在できる領域ではありませんが「何を有効商談とするのか」は営業も関与して決定されます。また、Webサイト経由の受注率・受注数や受注金額については営業の腕前の影響度はさらに大きくなります。

　受注率などの営業機能次第で大きく評価が変わってしまう指標を使って、マーケティング機能を評価すると、「他人の働き次第で自らの評価が決まる」という納得度の低い状況が生まれます。

　一方で、Webサイトへのアクセス数や問い合わせ数などでマーケティング機能を評価してしまうと「ここから先は営業の領分だから」ということで、最終的な受注成果に対してのコミットメントが失われかねません。

　ナイルでは、最終的に営業も関与して決定する有効商談数をマーケティング機能の最重要指標として決定し、これを最大化するための施策を打っていくという方針をとりました。

　こうした「何を目標とし評価基準とするのか」の設計は、マネジメント業務の中で非常に重要な役割を担います。究極的に、組織内の個人は、何で評価をされるのか、何を成果と見なされるのかを考えながら行動をします。

目標設定が曖昧だったり、上述のように自らの能力発揮ではなく他人の働きによって著しく振り回されてしまう設定となっていたりすると、人はモチベーションを感じられないのです。

● 権限委譲について

　目標設定と同じくらい重要なのが、権限委譲です。

　ビジネスにおいては「Why＝なぜやるのか」「What＝何をやるのか」「How＝どうやってやるのか」の3つがとくに重要であると、私は考えています。

　何らかのビジネスゴールを設定したとして「なぜそのビジネスゴールを設定したのか＝Why」を部下に説明するのはマネージャーの役割です。当社の場合でいえば「Webサイト経由の受注金額をXXX円までグロースさせる」というのがマーケティング機能に求めるビジネスゴールだとして、そのゴールを設定した理由を明快に説明するのはマネージャーの仕事であるということです。

　次に、「ビジネスゴール達成のために何をやるのか＝What」についてです。Whatについてはマネージャーとメンバーの間で合意形成ができている必要性がありますが、どちらが主導してWhatを設定するかという点については、マネージャーと部下の関係性や各人の実力次第で柔軟に調整するのが良いでしょう。

　ナイルの場合においては、Webサイトについての改善案の大枠を私が主導して大澤と議論しながら作り込んでいきましたが、早々のタイミングで大澤に主導権を含めて委任する形とし、私は助言役となりました。このように部下がWhatの作り込みについて十分な実力がある、ないしはポテンシャルがある場合は大胆に権限を委譲することをおすすめします。

　最後に「どうやってやるのか＝How」についてです。HowはWhatと似ていますが、より綿密な実行計画～実行と軌道修正の話だと考えてください。Howについては、原則としてメンバーに委任し、マネージャーは助言役に回るべきである、というのが私の考えです。というのも、Howまで細かく指定することになると、メンバーは自分で考えるモチベーションを失い、マネージャーの言うことをやるだけのイエスマンとなってしまうからです。

目標設定や権限委譲についてのこうした前提は、マネージャーとメンバーの間でしっかりとすり合わせし、認識に齟齬がないようにするのが重要です。メンバーが目標に向けて適切な権限を行使しながらモチベーション高く働く環境が構築できれば、そのチームの成果はかなりの確率で高いものとなります。ひとりマーケターのマネージャーの皆さん、ぜひ検討してみてください。

3章

ひとりマーケターは
孤独を感じて当たり前！

他チームや他部署の力を上手に借りて
物事を前に進める方法をお伝えします。

仕事は貸し借りの関係で成り立っています。フラットな関係ではありません。社内でもそうです。ひとりマーケターの間はできることも少なく、周囲から力を借りることが多いです。

ひとりマーケターは、法務には著作権など法律関係の相談、経理には支払い対応、総務には名刺の発注など他部署に協力いただくことで、はじめて自分たちの仕事ができる立場です。他部署からの支援なくしては絶対に結果は出せないと言い切れる部署です。そのため、私は社内の人をお客様だと思って接していました。少し前まで同じチームだった同僚も、あなたがひとりマーケターになった瞬間、相手はお客様です。さみしくはありますがランチや懇親会なども、その心づもりで出席することを推奨します。

3-1 | 社内の各部署はヒントをくれる「村人」

社内交渉についてはひとりマーケターの方からよく相談をいただくものです。

あなたはポケモンやドラクエなどRPGゲームをしたことはあるでしょうか。RPGゲームでは「仲間」と、旅の過程でヒントをくれる「村人」がいます。社内の人はヒントをくれる「村人」です。たとえば私はポケモンのゲームが大好きなのですが、ポケモンでは「なみのり」という技を使わないと次の目的地にいけない場面があります。そんなときポケモンに「なみのり」を覚えさせる「わざマシン」を村人からもらわなければなりません。

なみのりで進んでいくと、滝があって進めないところがあります。すると別の村人に話しかけると「たきのぼり」という技があること、どこに行けば「たきのぼり」のわざマシンをもらえるのかを教えてくれます。このように、社内の各部署の人達は、仲間として一緒に旅はできませんが、あなたの旅の目的を果たすためのヒントや方法を教えてくれる村人のような存在です。

マーケターは経理にも、総務にも、法務にも本当にたくさんお世話になります。ひとりマーケターはリソース確保のための外注も多いので、外注先から届く請求書の処理などで経理にはよくお世話になるでしょう。経理の方々に何か質問すること

もあると思いますが、日々の忙しい業務の中であなたの質問に回答してくれたり、相談にのってくれたりするので丁寧にお礼を伝えましょう。また、お金の相談はあなた以外からも経理に寄せられます。

そんなとき、いつもルールを守ってくれて、なにか対応したあとにお礼を言ってくれるあなたと、いつもルールを破る人の相談ならどちらを優先するでしょうか。こう考えてみると、日頃から社内のルールを守ることに意味があるとわかるはずです。そのルールは誰かの仕事を増やさないためのルールです。

また、法務もやり取りの多い部署です。マーケターは著作権、商標権など、なにかと法律を意識する場面が多いです。そんなとき頼りになるのが法務です。私はひとりマーケター時代、法務のKさんという方に大変お世話になりました。法律で気になるところがあれば小まめに相談していました。Kさんはいつも「大澤さんのこと頼りにしていますから！なんでも聞いてください！」と言って、通常業務がお忙しい中でも相談に乗ってくれました。

私は人に恵まれたのですが、こうした小まめな相談をされることを面倒だと感じてしまうバックオフィスの方もいます。あなたが相談しにくいと感じているのなら、おすすめの方法があります。

それは一度でも助けてもらったことがあったら、その担当者の上司に御礼を伝えることです。具体的なシナリオを記載しておきます。

「以前、法務の〇〇さんは私が質問した個人情報保護法について、通常業務があるのに一旦手を止めて、丁寧にウェビナーフォームを確認してくれたんです。そのおかげで正しく理解でき、すぐに確認してくれたおかげで予定どおりに申し込みを開始できたので、20人集めることができました。問い合わせにつながった企業もあるんです。〇〇さんのおかげです。ありがとうございました。〇〇さんによろしくお伝えください」と言ってしまうことです。こうすると、実際は「だりーなー」という対応をされていたのだとしても、〇〇さんの上司は「おお、〇〇さんがそんなことしたんだね」と評価が上がり「そういえばさっきマーケティングのAくんにあってね、君によろしくと言っていたよ」と伝えるはずです。

法務も通常業務がある中であなたの質問や相談に対応してくれているので、やっ

て当たり前という態度では依頼しないようにしましょう。「お忙しいところすみません。XX法について質問です。〜〜〜〜と解釈して良いのでしょうか。回答するにあたって、他に必要な情報などあればお申し付けください」と伝えれば、大抵の場合「この情報がないと回答できない」など教えてくれます。

また法務とのやりとりで気を付けたいのは「わからないけどなんとなくYESと言わないこと」です。たとえば、商標登録に関する知識が乏しかった私はこんな経験をしました。

私：Aという商品について商標登録を進めていただけますか？

法務：商標登録できるか調べますね。いまお願いしている特許事務所は調査結果が問題ない場合、そのまま申請と登録まで進めますが、よろしいでしょうか。

私：すみません、OKですと回答したい場合に何を気に掛けるべきなのか判断がついていないです。調査結果が問題ない場合、申請の取り下げはできずにそのまま進んでしまう（サービスがすぐ撤退になっても申請は進む）が問題ないか？　ということで考えて良いでしょうか？

法務：サービス名称が本決まりではなく検討段階とかですと、調査結果が問題なければ、そのまま進んでしまうので、事前の確認でした！

私：なるほど！ありがとうございます、ご丁寧におしえていただけて助かります…

〜5分後〜
私：上司さん、商標登録したいサービス名について最終確認です。商標登録可能か調査を進めると、調査結果が登録可能な場合にそのまま登録に進みますので、サービス名称の変更ができないです（たとえばサービス名を変えたいときに2個申請することになる）。なので「A」が本決まりでOKか確認したいです。

上司：もうちょっと検討させて。

私：わかりました！

ここでもし私が「はい、進めてください」と伝えていて、進めてしまっていたらどうなっていたでしょうか。商品名が最終的に変わっていたら、余計なサービス名の商標登録を進めてしまうことになり、法務にも手間ですし、費用も無駄になります。なお、商標登録の費用は区分の数にもよりますが10万円以上はかかります。

普段、法務と関わりが全くないままひとりマーケターになった場合は、最初に挨拶の連絡をメールやチャットで送っておきましょう。「このたび、〜〜のマーケティング担当者になりました山本です。マーケティング活動は著作権、個人情報の取り扱い、商標、広告など法律に関連する部分が多く、何かトラブルを起こして会社に迷惑をかけたり、法務のみなさんの仕事を増やしたりしたくないので、相談させていただくことも増えると思いますが何卒よろしくお願いいたします」というような形です。

その後は小まめに法務に報告をいれます。確認してくれ！というスタンスより「共有です。〇月〇日にマーケティングの方でこんな広告バナーを出します。もし気になる点がございましたらお気軽にご連絡ください。とくになければスルーで大丈夫です」「共有です。〇月〇日にマーケティングの方でこんなウェビナーをします。参加者は〜〜な人で、参加者データはメルマガ配信先にさせてもらいます。ウェビナーの申し込みフォームを作成しました。もし気になる点がございましたらお気軽にご連絡ください。とくになければスルーで大丈夫です」などです。そうすれば気になることがあれば連絡をくれます。

やがて「こういうのは自分で判断してください」とか「報告要りません」と言われるようになったら、報告はやめて自分で判断して進めましょう。その際もすぐに受け入れずに「わかりました。では今後自分で判断するにあたり、判断軸に誤りがないか確認させてください」と前置きしたうえで、**自分の判断軸があっているのか確認してもらいましょう**。これらはテキストで行うのがおすすめです。なぜなら、あとで読み返せるからです。いざというときに判断軸を忘れてしまったり、思い出せなかったりしたら困るので、テキストで確認してもらいましょう。

あとはわからないことや不安なことがあれば、本当に些細なことでも確認しておくのがおすすめです。たとえばこんな感じです。

> 私：1つ質問です。A社という会社にアンケート調査を頼むのですが、何か個人情報関係で気を付けた方が良いことはあるのでしょうか？　ざっくりした質問ですみませんが、何を具体的に聞けば良いのかすら想像がついていない状態です。すみませんが教えていただけますと幸いです。
>
> 担当者：A社で個人情報は取得できないルールになっており、間違って取ろうとしても設問の審査で落とされるので、とくに何も気にしなくて大丈夫です。
>
> 私：担当者さん、ありがとうございます。承知しました。

　上記は親切に回答してもらえた例ですが、場合によってはこんなケースもありえます。

> 担当者：大澤さん、ちゃんと規約読みましたか？

　そう言われたら、規約を読みにいき、それで理解できたら素直に「すみません、今後は規約を読んでから連絡します」と伝えましょう。しかし、もし規約を読んでも理解できなかったら「すみません、規約を自分で読んでみたのですがよくわかりませんでした」と相談しましょう。

　マーケティング活動で結果が出たり、人前で褒められたりすることがあったら、必ずバックオフィスの方たちの名前を挙げて感謝を述べましょう。ひとりマーケターをしていると、本当に彼らのおかげで自分は仕事ができていると気付く場面が多くあるはずです。お礼や賞賛はやりすぎることはありませんので、きちんと態度に表しましょう。

　実際に業務を進めていると「これって自分で判断しても良いのだろうか」「こんなことを聞いて、『そんなことも知らないのか！』と怒られないだろうか」と迷うケースも多いでしょう。そこで私が自分で判断していたことと、法務に確認を挟んでいたことを簡単にまとめてみましたので、参考にしてください。

法務に確認しているもの

　著作権、商標権、景表法など法律に関するもの。たとえば「私が作成したこの図解は、Ａ社のこのサイトを参考に作成したが、著作権違反にならないか」「ブログで使うこの写真は〇×フリーサイトからダウンロードして使用している。利用規約を読んだところ問題ないと思うが、著作権違反にならないか一応確認してもらいたい」「広告や、バナーの文言で満足度90％や、調査結果ナンバー1と言いたいが、この調査方法でこの結果で、景表法違反にならないか」など。

自身で判断しているもの

　一度法務に確認したことがあるもの。たとえば、フリーサイトの写真の仕様については一度確認したら、使用の都度確認をとらなくても自分で判断できる。

判断軸の確認

- 法律についてわからないこと⇒うやむやのまま施策を実行すると、間違っていたときに大きな問題になる。
- 数字を使った広告文⇒景表法に触れる恐れがあるので、確認しておく。
- 写真、画像、図解など⇒著作権に触れる可能性があるので、自信を持てるまで確認しておく。

● 相談しにくい相手にこそ相談しよう

　さて、バックオフィス絡みでほかにもよく聞くのは「経理の機嫌が悪いから今は声をかけられない」「情シスの対応が不親切だから、不安だけど確認したくない」というものです。「報告、連絡、相談しろ」と言うのなら、「報告、連絡、相談しやすい雰囲気をつくるべき」という意見はよくわかります。

　しかし、経理部の偉い人や情シスの偉い人に「そちらの部署の方が怖くて相談しにくいです」と伝えたところで取り合ってもらえるのでしょうか…？　情報システム部、経理部などのメンバーが「自分たちがそっけない対応や、報告が上がってくるたびに面倒臭いという対応をしているから現場が報告しにくいのではないか」と気付けば改善される可能性はありますが、たとえ気付いたとしても1人や2人、「何でそんなこともわからないんだ」と邪険に扱う人はいるものです。そのたびにバックオフィスへの確認を怠っていては、マーケティング担当者の仕事は進みません。

ですから同じ社内の人なのに、緊張する気持ちもわかりますし、頼って後悔する気持ちもわかりますが、すべては結果が癒してくれると思って勇気を出して確認しましょう。

| 3-2 | 運命共同体の営業対応をマスターしよう |

● 営業連携はコミュニケーション量が圧倒的に大事

最後は最も密に連携をとることが要求される営業です。個人的にはひとりマーケターの上司は営業部長など、営業をよくわかっている人が営業のマネジメントと兼任で行うことを推奨します。そのくらい営業とマーケターは表裏一体、切っても切ることのできない関係だからです。

● 営業の会議に出る

あるタイミングで私の上司は営業畑出身・マーケティング未経験で営業チームのマネージャーであるKさんという方に代わりました。Kさんの部下になったため、Kさんのほかの部下が参加する営業会議に私も出席するようになりました。

当時はとくに何も思っていなかったのですが、時間が経つにつれて営業の会議に出続けることは重要な意味をもつと理解します。

1つ目に良かったことは、営業の提案資料を確認できることです。営業の提案資料を確認することで、記事やホワイトペーパーなどのネタ、施策のネタに困らなくなりました。営業は日々お客様に何かを提案している立場なので、営業の提案資料の内容は新規コンテンツのヒントになるものが多かったです。

たとえば、弊社はオウンドメディア立ち上げの提案をしているのですが、ある営業が「オウンドメディアのスケジュールは、『しっかり投資する期間』と『メンテナンスのみで回収する期間』の2つに分けて考えなければいけません」とプレゼンしていました。これは使えそうだ、と思いブログ記事にしました。営業の提案資料には、マーケターが求める新しいコンテンツのヒントがたくさん散りばめられています。

2つ目に良かったことはCRMやSFAの記入を会議の場でまとめてリマインドできることです。**マーケターとしてはCRMやSFAのデータは問い合わせの質を判断する重要なデータになります。**どんな問い合わせにどんな提案をしたのか、失注になったならマーケターから追いかけてほしいのか、営業が追いかけたいのか、ここが明確になるとマーケティング活動の効率と結果が変わってきます。

　「こんな問い合わせにはこんな提案ができるんだ」と気付きを得られたり「失注になったこの企業はマーケティングチームで追いかけて良いんだな。じゃあ追いかけよう」と意思決定を早められたりするからです。CRMやSFAに記入がないと都度営業に確認を挟むことになり、マーケターにとっても手間ですし、営業にとっても手間です。

　定例会議に出ていると、マーケターの方から「今度こんな施策をします」と共有したり「こういう施策やろうと思うんですけど、どう思いますか」と営業側に状況を伝えやすくなったりし、営業側からも意見をもらいやすくなります。

　毎週でも、隔週でも定期的にマーケターが考えていることを営業に共有していると、次第に営業がマーケティングチームへの協力の仕方を理解してくれます。

　営業の定例会議に出てお互いに意見を出し合っていると、自然とお互いの仕事内容の理解が深まっていきます。**マーケターが質の良い問い合わせをたくさんとってこなければ、営業も新規受注額目標を達成できないので、営業もマーケターに協力したいという気持ちはあるのです。**

● 営業マンから「こんな問い合わせの商談はしたくない」と言われたときの対応
　営業から「こんな問い合わせは対応したくない」「リソースがないので対応しない」と問い合わせを跳ね返されることがあります。マーケター1人に対して営業マンが5名いて、一人ひとりが日替わりで「マーケのリード、よくなかったんだけど」と毎日言えば、それだけで毎日自分の仕事を否定されている気持ちになってしまいます。

　営業がマーケターからのお問い合わせに対応したくない理由として、次のようなことが考えられます。

①営業チームが忙しいので、辞退している
②営業スキルが未熟なため、辞退している
③本当に粗悪な問い合わせしか来ていない

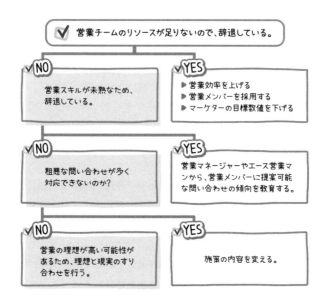

どの理由で商談したくないのかを特定する方法と解決策を紹介します。

①営業チームが忙しいので、辞退している
【特定方法と解決策】
　営業マネージャーに「商談数は足りているのか」「今の営業人数で、目標達成に必要な商談数をこなせるのか」を確認しましょう。

　「商談数が足りていないし、人手は十分」と回答された場合は、忙しいから辞退するのは論理破綻しているため、営業マネージャーを通してお問い合わせに対応してもらうよう伝えましょう。

　ポイントは「マーケティングチームからの依頼で、もっと商談対応してくれないかな」と営業マネージャーに言わせないことです。新規受注のための商談が足りていないので、仕事の仕方を調整して商談をするのはひとりマーケターからの依頼でも何でもなく、新規の受注をとるためには当たり前のことです。

やらない方が良いことは営業メンバーに「最近は忙しいですか？」と聞くことです。現場のメンバーは忙しいと答えるに決まっており、解決になりません。「暇ですよ」と答えれば商談しなさい、という話になってしまいます。

「商談数は足りている」と回答された場合は、ひとりマーケターの目標数値と整合性がとれていません。供給過多になっているので、ひとりマーケターの問い合わせ数の目標を引き下げましょう。その際、次の2点を確認してください。

- 今、供給過多で問い合わせ数を減らして、2カ月後や3カ月後に問い合わせ不足にならないのか営業マネージャーに確認する。問い合わせ不足になるリスクがあるならば、多少無理をしてでも営業に対応してもらう必要がある。営業マネージャーは営業効率を上げる努力をするか、採用を検討する必要がある
- 目標数を引き下げた理由と、何件から何件まで引き下げたのかをメモしておき、評価の際に伝える。そうしなければ、ひとりマーケターの実力不足で目標値を引き下げたと考えられてしまう可能性がある

営業が忙しいかどうかを確認したとき、営業メンバーは暇であるし、商談数も足りていませんが、ひとりマーケターが取ってきた商談を受けたくないケースがあります。その場合は営業が自分で1から商談を取ってくるようにするか、②の可能性を探ります。

②営業スキルが未熟なため、辞退している
【特定方法と解決策】
辞退している商談を営業マネージャーとエース営業マンに見てもらい、自分だったら提案するかどうかを判断してもらいましょう。

営業マネージャーやエース営業マンが「自分なら提案するけど辞退しているみたいだね」という場合は、提案できる根拠を辞退しているメンバーに営業マネージャーから伝えてもらいます。この場合は、要するに営業メンバーの教育が必要です。営業マネージャーやエース営業マンの回答が「自分も提案しない」ばかりであれば、問い合わせの質が粗悪すぎるか、営業の理想が高すぎる可能性があります。

③粗悪な問い合わせが多い、または営業の理想が高いために辞退している
問い合わせの質が粗悪すぎるかどうかの判断は、次の流れで行います。

まずは、これまで受注した企業の社員数、売上、業界など、事実データを整理します。一括で調べることができるツールはありますが高額なため、30社前後をランダムに選定し、外注先に依頼して調べてもらいましょう。

　その際、コンペがなかったから受注できた、ニーズが固まっていたので受注しやすかった、という営業の意見はいったん横に置いて、**誰が見てもわかる公式の事実情報をまとめましょう**。もし将来的に売上、従業員数などの特徴を分析するツールを入れる予定があったり、そのようなツールの存在を知らなかったりする場合は、このタイミングで一度検索し、無料の試用期間に使ってみるのも良いでしょう。「ABM（Account Based Marketing。アカウントベースドマーケティング）ツール」などで検索すると、いくつか出てきます。

　次にお問い合わせ企業の売上、社員数、業界などの事実データがこれまでに受注した企業と乖離しているのかを調べます。これも大変な作業ですが30社ほど選定して調べましょう。

　もし、受注企業と問い合わせ企業の売上、業界などが乖離していなければ問い合わせは粗悪ではありません。問い合わせと受注の傾向が乖離していたら、乖離の仕方を見ましょう。たとえば、これまでの受注は「製造業」が多く「金融業」の問い合わせが増えているかもしれません。

　もし、営業が過去に「今後は他業界にも提案したい」と話していたのなら、営業方針に沿って他業界の問い合わせが増えているだけなので、粗悪な問い合わせではありません。問い合わせの幅が広がっているので、これまで経験のない業界の対策をして営業が提案する努力をすることになります。

　一方で、これまでの受注は「製造業」が多く、今後も他業界に提案する気はない場合、問い合わせで製造業以外が増えていれば当然対応できない問い合わせだと感じてしまうので、製造業からの問い合わせが増えるように、ひとりマーケターの施策を変える必要があります。

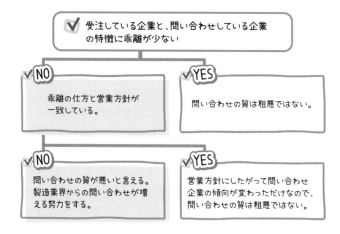

問い合わせの質が粗悪かどうかの判断

✓ 受注している企業と、問い合わせしている企業の特徴に乖離が少ない

✓ NO
乖離の仕方と営業方針が一致している。

✓ YES
問い合わせの質は粗悪ではない。

✓ NO
問い合わせの質が悪いと言える。製造業界からの問い合わせが増える努力をする。

✓ YES
営業方針にしたがって問い合わせ企業の傾向が変わっただけなので、問い合わせの質は粗悪ではない。

　営業が問い合わせへの理想が高すぎるかどうかは、一度、営業の理想を聞ききることがおすすめです。実際に私が営業から聞いた例としては次のようなものでした。

- 資本金１億円以上
- 意思決定者が問い合わせをしている
- コンペ案件ではない
- 予算は月〇万円以上

　このような要望を聞き出すことができたら、すべて叶えたいというのはもちろんですが、現実的には難しいことを一つひとつ論理的に営業と確認します。ここでは「営業の理想が高すぎることを教えなければ」と思う必要はありません。営業の理想が高いと思っていたものの、そういう施策をすれば営業の理想の問い合わせが確保できるのか！　と思わぬ施策アイデアを営業からもらえることがあります。そのため、打ち合わせには「理想の問い合わせを集めるための前提整理と、施策のブレスト」という姿勢で参加します。

　資本金１億円以上の企業については、世の中に1.5％しかありませんが、本当にその1.5％だけを狙って良いのかを確認しましょう。もし良い場合は、どのようにしてその1.5％だけに狙い打ちをして施策をすれば良いのか聞いてみましょう。それを考えるのがひとりマーケターの仕事だと言われる怖さもありますが、まったく現実的な施策が思い浮かばない場合は営業に聞いてみましょう。考えているだけで

は資本金1億円以上のお問い合わせを獲得できないからです。もし営業も思い浮かばなかったり、1.5%だけを狙うのは非現実的であると気付いてもらえたら、資本金の条件は3,000万円にしたり、そもそも条件から外すことができます。

　意思決定者が問い合わせしてくるについては、意思決定者はどうやって問い合わせしてくるものなのか、営業が知っているのなら教えてもらいましょう。もし営業が具体的な問い合わせ経路を知らないならば、理想が高い可能性があります。具体的に「〇〇という勉強会経由のお問い合わせは意思決定者クラスが多かった」などの情報を聞き出せたら、それを施策の1つにしましょう。また、過去の問い合わせに意思決定者がそもそも何％いるのか調べることも有効です。**BtoBの場合、現場担当が問い合わせをして、精査し、意思決定者につなぐことが多いため、意思決定者が直接問い合わせをしてくることは少ないはずです。それでも意思決定者にこだわり、ほかのお問い合わせが減っても良いのかを慎重に確認しましょう。**

　コンペではない問い合わせが良いと言われた場合、どうやってコンペかどうかを判断するのかを営業に聞いてみてください。残念ながら、お客様がコンペであることを隠している可能性もあります。隠されていても良いので、「コンペではない」と言っている問い合わせをとれば良いのでしょうか。きっとそうではないはずです。実際にコンペではない案件だけを取ってくることは難しいので、条件に加えず、ひとりマーケターの努力目標として、コンペ率の推移を追いかけるようにしましょう。実際はコンペなのに「コンペではない」と言うお客様もいらっしゃるので、正確なデータを取ることはできません。

　予算月〇万円以上についても、どうやって判断するのか？　を営業とすり合わせます。お問い合わせ時に低めのお見積りを伝えることもあるからです。低めに伝えられた可能性もすべて辞退して良いのか、それとも50万円程度ならば商談しても構わないのか、具体的な金額を確認します。また、予算が確定しているお客様は逆に高額の提案はしづらくなってしまう可能性があります。決められた予算の中でしか発注できないからです。さらなる費用が必要だと、お客様は社内で決まった予算を再び交渉して確保することになります。予算をこれから決めるタイミングならば、まだ予算を確保できる可能性は残っています。具体的な数字は出せませんが、弊社でも高額受注になっているお客様の多くがお問い合わせ当初は「予算未定」でした。このような事実の情報を整理して営業に伝えながら、現実的な問い合わせを探っていきましょう。

　営業マンは受注しやすい熟したリンゴを知っています。だから、これから熟れていく実は「固い」「待てない」「タイミングが悪い」という理由で対応したがりません。決して面倒だとか、ひとりマーケターのことが嫌いなのではありません。そのため、営業マンの話をよく聞いて、熟れたリンゴの特徴を聞き出しましょう。その上で熟れたリンゴだけを収穫しようとするとタイミングを逃して腐らせてしまったり、競合に横取りされたりするリスクがあるため、収穫量とタイミングを計画的にコントロールする努力をするのがひとりマーケターの役割です。

　どう考えても営業がマーケターの仕事について悪意をもって否定してくると思う場合は、その事実を集めて上司と相談しましょう。また、そのような話し合いの場にはお互いの上司を呼び、双方の意見を交換しましょう。

● 営業サポート業務とのバランス

　営業はマーケターにとって最も大切な存在です。そんな営業に頼まれると資料作成や、会議の調整などの事務作業を一手に引き受けたくなる気持ちもわかります。マーケターは営業のアシスタントだと思って私も仕事しています。営業が結果を出すためにマーケターは何でもしたくなるものです。

　そうはいっても、すべての営業の頼みごとを引き受けられるほどリソースはありません…。そこで営業の事務作業のサポートと、集客の仕事のバランスを取らねばなりません。おすすめは日報をとって、数字で時間の使い方をわかるようにしてから交渉することです。

　次の表はある日の私の日報です。営業の日程調整が3時間を占めています。

2021/12/14					
#	時間帯	案件ID	タスク	実績工数(m)	メモ・備考
1			営業の日程調整	200.0	
2			連絡	30.0	
3					
4			銀行対応準備	60.0	
5			原稿確認	120.0	
6			17時電話 さん		
7			17時30分 さん打合せ		
8			18時 ホワイトペーパーに古い情報がない		
9					
10					

営業から事務的な仕事（日程調整、お客様へのメールの返信、資料作成、会議URLの作成）などを依頼されている場合、それにどれだけの時間を使っているのか記録しましょう。**そのうえで「この半日が空いたら、いったいどんな施策が進むだろう」「営業事務対応を優先して、できなかった仕事はなんだっけ」と振り返ります。**

　その仕事が問い合わせ数を増やすために重要な施策であれば、問い合わせ数にどのくらい影響するのかを数字で整理しましょう。

　たとえばひとりマーケターのあなたが、資料をダウンロードしてくれた方を問い合わせ化するために、毎日電話をしているとします。電話のログや、不在だった場合にメールで連絡をするので、1社あたり15分と仮定してみましょう。電話をしたうちの5%がお問い合わせになる場合、1件のお問い合わせ獲得に20社電話をすることになります。つまり1件のお問い合わせ獲得に必要な時間は15分×20社＝300分で、5時間です。

　あなたが毎日3時間営業メンバーの商談のために日程を調整している場合、5時間＋3時間でこれだけで営業日が終わっています。いつ施策の振り返りや、ほかの施策の実装をするのでしょうか？

　施策の振り返りや、ほかの施策の実装を進められないと、成果が出ない施策を改善できないので、一向にお問い合わせは増えません。**マーケターの仕事は問い合わせを確保することなのか、営業のアシスタント業務なのかを決めましょう。**

　日報を書いていない人は、5分くらいだろうな、と事務作業の時間を短めに見積もっていることが多いです。事実を示せば真剣に考えてもらえる可能性が高まります。

3-3 | リソース確保は外注に目を向ける

　マーケター471名に対して行った調査によると、76％のマーケターが戦略・施策を考える時間を増やしたいと答えています。実務に追われて「考える時間」を取れない人も多いのではないでしょうか。

　アンケート調査によると施策の実行と検証に時間を使われているようです。また交渉業務もあり、考える時間は1/4ほどにとどまっています。

戦略／施策を考える時間を増やしたい

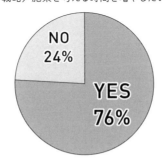

出典：20〜50代のマーケター471名を対象に「マーケターの働き方調査を実施」7割のマーケターが「戦略／施策を考える時間」を増やしたいと回答！｜株式会社ベーシックのプレスリリース、https://prtimes.jp/main/html/rd/p/000000255.000006585.html、閲覧日2022年8月25日

施策の実行・検証に半分以上の時間が使われている傾向がある

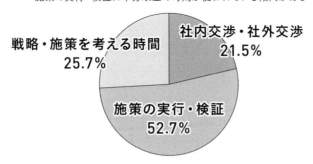

出典：20〜50代のマーケター471名を対象に「マーケターの働き方調査を実施」7割のマーケターが「戦略／施策を考える時間」を増やしたいと回答！｜株式会社ベーシックのプレスリリース、https://prtimes.jp/main/html/rd/p/000000255.000006585.html、閲覧日2022年8月25日

この章ではひとりマーケターが成果を出すために「考える時間を確保する方法」を紹介します。

● 内製化の理想が高すぎると社内交渉で苦労する

リソース確保において、多くの方が誤解していると思うことがあります。**それは内製化こそ理想という考えです**。当時の私もその理想にとらわれていて、大きな失敗をしてしまいました。他チームのメンバーからのリソースを借りて、社内で記事制作をしていたところ、上司から「マーケティングチームが他チームのリソースを使うから未達になるって言われたらどうするの？　君の仕事って、他チームに未達の言い訳を与えてるんだよね」と言われてしまったのです。

これは絶対にあってはいけないことです。それ以降、私は無駄な費用を可能な限り削って、適切な外注先に費用を充てるようになりました。リソース確保の方法として、社内で正式にマーケティングチームを兼任してもらったり、異動してもらったりする以外でありがちなのは、マーケティングチームが営業や他チームに依頼して、記事の確認をしてもらったり、ウェビナーに出てもらったりするケースです。私はこれにも基本的には反対です。

コミュニケーションを、意図したことの伝わりやすさと連絡のしやすさに分けて考えてみます。

マーケティングチーム所属のマーケターが数人いる場合は課題を共有しているので、コミュニケーションの質も高く、連絡もしやすいと言えます。

このイメージに引っ張られて、少しでも外注を減らし、社内のリソースを借りようと考えるのはわかります。しかし、社内で他チームのリソースを借りることでコミュニケーションの質は下がってしまうのです。

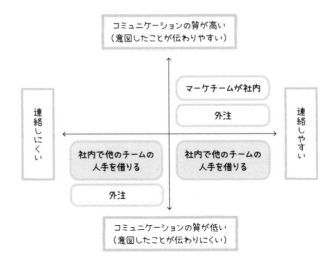

なぜ同じ社内なのに、そんなことが起きるのでしょうか。

● 意図したことの伝わりやすさについて

　同じ社内でもチームが異なれば、意図したことの伝わりやすさは大きく変わってしまいます。たとえば、ひとりマーケターとしてまずはオウンドメディアの立て直しを考えていて、毎月10本記事公開をしたいとします。そのうち2本を他チームのメンバーに執筆を依頼するとどうなるでしょうか。

　私の経験ではほぼ間違いなく、予定通り公開できません。なぜこんなことが起きるのでしょうか？　協力者に悪気があるのではありません。優先順位が異なることと、社内だからこそ納期に融通が利くと思われてしまうのです。その結果、納期が次第に後ろにずれていき、予定通りに公開できなくなります。

● 連絡のしやすさについて

　社内にはレポートラインというものが必ずあります。現場スタッフは管理職の指示を受けたり、管理職以外からの依頼や指示については自分のレポートラインのマネージャーに相談したりして、実施するかどうか決めるというものです。これが崩壊してしまうと、上司以外の指示を次々と受けることになるため、現場は混乱します。また他チームからスタッフクラスに作業を手伝ってもらうため、チームのマネージャーに交渉をするのも一苦労です。

なぜなら、他チームのマネージャーからすれば、マーケティングチームを手伝う義理はないからです。ここまで読むと私が勤めている会社はギスギスしているの…と思われそうですが、決してそんなことはありません。しかしそれでも、実務となれば話は別。どのチームも限られたリソースで高い成果を目指すのですから、厳しくて当然なのです。

社内リソース獲得における反省

社内に上下関係ができる	「あのチームを手伝ってやった」「いつも手伝ってる」という**上下関係が意図せず出来上がり**、次第にマーケティングチームの社内的な立場が弱くなり、攻めた施策が打ちづらくなる可能性がある
他チームの未達要因になる	他チームが目標未達になったとき「マーケティングチームを手伝ったから」と言い訳を与えてしまうことになり、**迷惑をかける可能性がある**

こうした経験から私は、ひとりマーケターには外注を推奨します。リソースが一人分しかないひとりマーケターにとっては社内交渉の時間すらもったいないので、指示したとおりに動いてくれる外注先を頼ることが最も効率的です。

● 中途半端な内製を目指すならいっそ外注しよう

外注先とひとりマーケターは明確な契約を結びます。そのため、外注先はこちらが依頼した仕事をすることになります。多くの場合、依頼した納期でほぼ100%仕上げてもらえます。仕上げてもらえないのだとしたら、発注元である我々ひとりマーケターの依頼の仕方が悪く、伝わっていない可能性があります。

また、プロに外注すれば最低限の品質も保証されています。実は良い外注先を見つけて、良い関係性を築くことができれば、内製化とほとんど変わらずにコミュニケーションの難易度を低くし、こちらの意図が伝わるコミュニケーションをとることができます。

● 無言で優先順位をつけられている

外注先から我々発注元も、無言で優先順位を付けられています。外注先も対応しているのは人間です。ですから、ないがしろにされたり、雑な依頼をされるとやる気を失うのは当然です。それに気付かず、発注しているのは自分なんだから、と偉そうにふるまっていると確実に外注先の組織の中であなたやあなたの会社の優先度は下がっていきます。優先度を下げられるとどんなデメリットがあるのでしょうか。

それは「雑な納品、対応をされること」です。外注先から雑に対応されることはひとりマーケターにとって命取りです。なぜならば、限られたリソースだから頼って外注しているのに、雑に作られた納品物を確認したり、修正することにいくらでも工数を割かなければならないからです。

外注先を雑に扱わないメリットは、**外注先とのお取引の期間が長くなるにつれ完璧に近い納品物を仕上げてくれるようになることです**。納品物は発注した時点から、すぐに100点の物が出てくるわけではありません。途中経過の確認を丁寧に挟んで方向性のずれを防ぐことで、納品物の品質が上がります。外注先とのお取引の期間が長くなり、依頼のたびにコミュニケーションを丁寧にとっていると、途中経過の確認を挟まなくても期待通りに仕上げていただけるようになります。これはひとりマーケターの確認リソースを減らすことにつながります。

また、途中経過で外注先が質問しやすい関係を作ることも大切です。外注先が困ったときにすぐ確認を挟んでくれるので、納品物の方向性が大きくずれることはありません。あなたと外注先の関係性があまり良くない場合、不明点があってもすぐに確認できないため、外注先は自分の判断で進めてしまったり、確認を挟む優先度を下げてしまったりする可能性があります。

そのため、外注先はチームの一員として丁重に扱うのがおすすめです。私は秘密保持契約を交わしているのならば、次のようなことは外注先にお伝えしています。

- 自社の1年後の展望
- その展望を達成するためにどんな数字目標を引いているのか
- 展望を達成するためにどんな施策をしたいと考えているのか
- その施策のうち、どんな所を外注先に外注しているのか
- 脅すわけではないが、どんな数字を達成できれば引き続きチームとして一緒に取り組みたいと思えるのか
- どんな数字が未達になればビジネスの世界なので契約終了の判断になる可能性があるのか
- 外注先の切り替えは担当者にとっても面倒であり、〇〇な理由で貴社を選んでいるので、貴社と成果を出したい

このようなことを明確に何度もお伝えしましょう。私は月に1度は意識して伝え

るようにし、関係性が１年以上たてば３カ月に１度の頻度で数字成果と合わせてお伝えしています。

● 外注先とチームになる方法

　元々、大手クレジットカード会社でマーケターをしていた福田さんという方がいます。その方が私の勤め先で事例インタビューに対応いただいたことがございます。その際に、彼がおっしゃっていたのは「外注先との付き合い方」でした。

―今回の体制構築に当たって、福田様が「良好な関係」を築くために心がけていることはありますでしょうか。

福田：実は、前職ではベンダ側の人間として、デジタルマーケティングを担当していたんです。常駐先のひとつに私の「恩師」とも言える部長がいまして、その方から学んだのが「愛」でした。

――「愛」とは……？

福田：「会社に対する愛」と「チームに対する愛」の２つあります。前者は、結果を出すためには自社のサービスや商品を愛さねばならない、ということ。自信をもって「これは良い」と言えるサービスでないと、お客様に十分に訴求できません。その部長からは「たとえ納得してないサービスだとしても、好きなところを見つけて、しっかり伝える努力をしなさい」と教えられました。現職でも、他のどの社員よりも自社のサービスを調べて、ベンダには「うちは良いと思っているから伝えてほしい」「もっと良いところがあったら指摘してほしい」と言うようにしています。

――「チームに対する愛」についてはいかがでしょうか。

福田：その「恩師」は、３カ月に１度、事業や方針について話す場を設けていたんです。そこには必ず代理店やベンダを集めていました。「お互いの案件を奪うという発想ではなく、ひとつのチームとして、クオリティが高いものを出してほしい」と。これには、各社の成果にきちんと対価を払うというのと、チームメンバーとして個人の成長を促すという２つの意味があ

りました。会社など関係なく、ひとつのチームとして、プロジェクトに入って成長できてよかったなと思ってほしい。私もその想いに共感し、意識しながら仕事しています。

そしてこうもおっしゃいました。

> 福田：**アウトソースだから連携が遅れるというのは、最終的には事業主側の怠慢なんです。** きちんと情報が連携できていなければ、アウトプットの質が担保できないのは当然のこと。もちろんそこには、忌憚なくコミュニケーションができる、良好な関係がベースとして必要だとは思います。

この言葉を聞いたとき、私は頭をハンマーかなにかでガツンと殴られたような気持ちになりました。私は大きな間違いをしていました。**外注するより、内製化した方が成果は出るなんて誤解でした。そのときから私は外注先とのお付き合いの仕方を大きく改めました。**

おすすめしたいのは戦略を考える仕事や、検証結果の数字の意味を考える仕事はひとりマーケターが行い、施策実行、検証は他に任せることです。ひとりですべてやるのは大変です。

● 何を外注するか迷ったら「考える人」と「実行する人」を分けてみよう

外注できることは記事制作、分析、ホワイトペーパー作成、サイト制作などジャンルは多岐に渡ります。そのため、施策レベルにおいて何を外注するのかは、自身の日報を見ながら時間がかかりすぎているところを外注すれば良いでしょう。

実際に外注することになったら、どこまで外注するのか悩むと思います。たとえば、あなたがホワイトペーパーを作る場合、大まかな作業の流れは次のようになるでしょう。

①**資料の内容を考える（企画する）**
②**各スライドの内容をラフに作り出す（ラフ版を作る）**
③**ラフに作ってから必要な素材を集める**
④**資料を作りこむ**

多くの外注先は「企画からやりますよ」と言ってくれます。しかし、企画から任せると社内の事情や市場の状況、業界トレンドを知らない外注先は的外れな企画をあげてしまうことがあり、時間とお金がもったいないことがあります。

　そこで私のおすすめは、仕事を「考える」と「実行する」の2つに分けることです。

　資料作成の仕事の流れを考える仕事と、実行する仕事に分けてみましょう。

①**資料の内容を考える（企画する）**→100%考える仕事です。

②**各スライドの内容をラフに作り出す（ラフ版を作る）**→80%くらい考える仕事なので、自分でやります。

③**ラフに作ってから必要な素材を集める**→必要な情報と使う画像の判断基準（スーツを着た男性が笑っている写真、とか、複数人が会議している様子で顔は映っていないとか）がわかれば誰でも実行は可能なので、外注します。

④**資料を作りこむ**→ラフ版、テキスト、素材、フォーマットがあれば実行可能なので、外注します。

　考えるタスクはひとりマーケターが担当し、実行するタスクをなるべく外注すると、手戻りが少なく、スムーズに施策を進められます。また、今まで自分でやっていた実行時間が減るので、その分あなたはほかの施策を考える時間ができます。

　依頼に時間がかかって自分で実行した方が早かった、という場合は、その後も自分でやれば良いでしょう。私もそのようなタスクはあります。しかし、最初は依頼に時間がかかっても、その依頼が週に1回などコンスタントに発生する場合は徐々に外注先がコツを覚え、2カ月後にはほとんど指示をしなくても早く作ってくれるようになることがあります。そのような場合は、最初の依頼に時間がかかっても外注先に任せるようにしています。

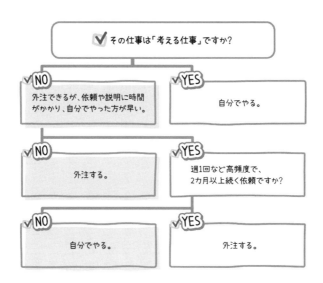

　時間を有意義に使うために自分にしかできない仕事になるべく時間を使い、他の人にお願いできることは依頼してしまいましょう！

● 外注先への依頼の仕方

　外注先に対して「適当に調べて書いてください」では期待どおりのものは上がってきません。外注先はあなたからお金を受け取って、期待に応えるものを作ろうと努力してくれますが、あなたからもらえる情報が少なすぎるとどうしても期待とずれた物になってしまいます。

　外注とは料理名を知らない人に何かを作ってもらうのと同じです。「シチューつくっといて。人参とジャガイモを渡すから、ほかに必要な食材とか調味料とかは自分で集めてなんかつくっといて」と言われたら、シチューを知っているあなたは何とかシチューを作れると思います。

しかし「ピータンショウロウジョウつくっといて。ピータンは渡すから」と言われたらどうでしょうか…。ショウロウジョウって何…となりませんか？　ピータン以外に何を入れたら良いのでしょうか…（ピータンショウロウジョウとは香港料理でピータンと豚肉のおかゆです）。しかし「ピータンと、豚肉と、お米を渡すから、それでおかゆ作っておいて」だったら作れそうです。

そのくらい外注先とは共通言語がないので、こちらが相手に伝わるように努力するしかありません。「こんな資料つくっといて」だけでは、中にどんな情報を入れたら良いのか外注先はわからないのです。ですから、なるべく丁寧に情報は渡しましょう。

● 仕事の優先順位について
　仕事の優先順位には、2つ考えることがあります。

- 1つ目：コンバージョンからの近さ
- 2つ目：あなたがやることなのか

コンバージョンからの近さ
　ひとりマーケターの間は長期的な施策と短期的な施策のバランスは1：9または2：8を推奨します。短期とは1カ月〜半年以内に成果の出る施策や、コンバージョンに近い施策を指します。一例を列挙します。

- 資料ダウンロード数の増加
- サービスページの改善
- 広告運用
- インサイドセールスの架電

　コンバージョンから遠いメルマガや、ブログ運用などは状況にはよりますが優先度は低いと考えています。

あなたがやることなのかどうか
　本章で紹介した「考える仕事」と「実行する仕事」に分け、考える仕事や、外注先に指示出しをする仕事はあなたが優先的に行います。週に2日、2時間ずつなど固定で押さえておきましょう。外注先への指示出しは意外と時間がかかります。し

かし、外注先には適切な指示出しさえすれば、あなたが会議中であっても施策が進むことになります。

● PDCAの速度をさらに早めるには「C」と「A」の日を決めておく

PDCAの効率化については施策を打つ前に何の数字が、何日以内に改善されれば成功なのかを定義してから施策をローンチするのがおすすめです。定義とはあなたが心の中で「決めた」と思うのではなくて、上司と合意することです。上司から「あの数字どうなった」と聞かれる前にあなたが「あの施策は検証したところ〇〇が理由で数字が上がらなかったので前のデザインに戻します」や「あれはうまくいったので他でも展開します」と明確に言えるようにすることです。

PDCAサイクルが崩れる要因として私が経験した中でもっとも多いのは「Check」、つまり効果検証のタイミングを決めておらず、ずるずる様子見してしまうことと、段取りの悪さです。効果検証のタイミングについては前述のとおり上司と報告日を合意する方法でクリアできます。段取りについては、新たな施策の関係者である外注先に、常にリソース状況と次にやりたい施策を共有しておくことです。

たとえば「TOPページのABテストを8/1～8/3で実装。8/4ローンチ。2週間後の効果検証で、クリック数が高い方を採用。2週間後なので8/18に効果検証。効果検証の数字出しはA制作会社さんにお願いします。8/20までに報告してください。 そうすると8/4公開してから2週間近く空きますが、この間、ほかのA制作会社さんは外注先からの依頼は結構溜まっているのですか？ そうでなければ、8/15ローンチを目指してサービスページのABテストの実装も進めたいのですが」という具合に、効果検証日までの間に次の施策の仕込みを進めています。

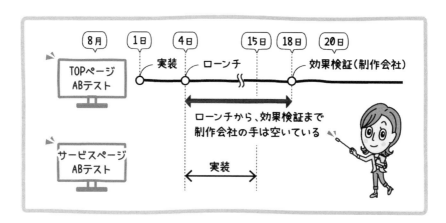

そうするとロスタイムを比較的少なく施策を試せます。細かいものも合わせるとこの方法で私や、私の次にデジタルマーケティングを担当したメンバーは月に100個を超える施策を実行しています。

　ひとりマーケターの場合は実装も自分で行うというケースがあります。その場合も同じく、効果検証までの間に何を次は仕込むのか考えておきます。常に大小複数の施策を走らせておき、10個中3個の施策があたると思って実行するのがおすすめです。もっと当たればうれしいですが残念ながら少なくとも私は打率30％くらいでした…。

● 社内から人手を借りるなら、評価基準まですり合わせにいこう
　社内の他部署の人手を借りる場合は、その人の評価にマーケティングチームの指標がどのくらい改善されたのかを組み込みましょう。私は専任ひとりのマーケターでしたが、一時期はM下さんという社内のデザイナーの50％の工数をもらっていました。**ここでのポイントはリソースを「借りる」など、甘い発想ではなく、「いただく」と考えることです。いただいたリソースは最大限に活かして成果をだすべきですし、リソースをくれる方のキャリアにとってもプラスになるものでないといけません。**

　私が一人マーケターになりたての頃、サービスサイトは「SEO　HACKS」という名称でした。しかし、その名称を「ナイルのSEO相談室」に変え、サイトTOPのデザインを大きく変えるため、デザイナーのリソースが必要で、上司にかけあい、ほかの事業部のデザイナーリソースを50％まわしてもらったのでした。それがM下さんです。

　このときM下さんにもマーケティングチームの数字を担ってもらい、M下さんの評価に加えていました。たとえば問い合わせ数〇件、や、CV数〇件、などです。

　中途半端な内製化、いわゆる他のチームに「お願い」して手伝ってもらうのがダメな理由は、①お願いされて手伝った側からすれば「お願い」を引き受けただけなので、重要な仕事だと捉えられないこと　②他チームの未達の理由をつくってしまうこと　にあります。

これではPDCAが早くなるわけがありません。私の経験では外注の方がよほど早いです。納期の先延ばしをなくすのが評価項目に組み込んでしまうことです。たとえば30％のリソースをもらう場合は、その人の3つの評価基準のうち1つをマーケティングチームの数字にします。50％もらう場合は、2つか4つか評価基準があるうちの半分をマーケティングチームの目標にします。こうすることでコミットする意味が生まれます。これをせずにボランティアでお願いしても、いつまでも施策のスピードは上がりません。

また、他チームからリソースを借りる場合、その人の選定は必ず上司と行うことをおすすめします。理由は人員の選定ミスを限りなく減らすためです。多くの場合はプレイヤーの一人マーケターより管理職の方が社内の広い人材情報を知っています。**ですから真面目で、誠実で、他のチームの環境にも適応しつつ、2足の草鞋をはいてもバランス感覚を保って結果を出せる優秀な人材のアサインは、上司と慎重に行った方が良いです。**もし周囲に「おれ、マーケティングチームの仕事を手伝いたいんだよね」という人がいても、優しい言葉に流されずに、成果を出すために上司と見極めを真剣に行ってください。

また、他部署の人員の工数を20％などいただくとしても期間限定にしましょう。たとえば私のチームに来てくれたデザイナーのM下さんは、3カ月の期間限定でした。他チームの編集者に30％のリソースを私のチームにくださいと交渉をしたときも、30％稼働は1年間だけで、1年後にはフルタイムでその編集者をうちのチームに入れたいので異動させてください、と期限をきっていました。

いつまでもずるずると二足の草鞋をはくのは、マーケティングチームに協力してくれる人も大変しんどいですので、期限をきっておくのがおすすめです。

事前にひとりマーケターの方にどんな本を読みたいかアンケートをとった際、社内交渉に関するお悩みの声が寄せられました。一人しかいないため全体最適を優先しなければならない組織では必然的に我慢することもあり、悔しい思いをすることもあると思いますが、そんなときこそ本書の内容を思い出し、乗り越えていただきたいと願っています。

私は現在も未熟者ですが、社内交渉に苦戦した経験はすべて自分の人間性を成長させていただく機会だったと感謝の気持ちでいっぱいです。しかし現在進行形でひ

とりマーケターとして苦戦しているひとりマーケターにとっては、綺麗事に感じてしまうと思います。具体的な話は高橋のコラムに任せますが、悔しいときこそ目の前の人を将来自分の応援団にするつもりで対応してみてください。

どんなに数字で結果を出しても社内にひとりマーケターの味方がいないと、その結果を評価や次のチャンスにつなげにくくなってしまいます。数字や成果を焦る気持ちもよく理解できます。いくつも意識すること、たったひとりで考えることがあり大変ですが、2、3章の内容を実践し、ひとりマーケターのみなさんが社内でしっかり評価されるようになっていただきたいと思います。

🖋 整理してみよう

- 社内でひとりマーケター応援団を増やすために、あなたができそうなことを2つ書いてみましょう。例）経費精算や残業申請などのルールを完璧に守る、バックオフィスの方にお礼を伝える、PIEを意識して自分の仕事内容をグループスラックで発信してみる、など。

- もしリソース不足に悩んでいる場合、これを外注できたらもっと自分の時間が空くのにな、と思うことを1つ書いてみましょう。予算が理由で外注できない場合、外注できた場合に毎月何時間の工数が空き、その空いた時間であなたはどんな仕事ができ、会社に貢献できるか、箇条書きで簡単にまとめてみましょう。

- あなたが普段行っている仕事を「考える仕事」と「実行する仕事」に分け、実行する仕事は外注できないか考えてみましょう。

ひとりマーケターが社内外からの応援を勝ち取る方法

● ひとりマーケター応援団を増やしていこう

ひとりマーケターはその名の通り、1人でマーケティング活動を担うこととなります。仮に、成果が出てチームメンバーが増えても、数人単位であることが多く、社内では相対的に少数精鋭のチームとなることが多いでしょう。

マーケティングの仕事は多岐にわたります。対外的な集客業務やPR業務だけではなく、社内に対しても様々な折衝・交渉が重要となります。

その相手は、ときに社長や取締役などの経営陣であり、ときに営業・法務などのより実務に近いメンバーであったりします。

自分が実施したい施策を実行し、成果を得ていくには、社内外問わず多様なステークホルダーとのコミュニケーションは避けられません。本項では、ステークホルダーからの協力・支援を得るための方法について書いていきます。

● 人はなぜ人に協力するのか

そもそも、人はなぜ人に協力するのでしょうか。

たとえば、知り合ったばかりの人に「何も言わずに10万円を貸してくれませんか」と言われたら多くの人は貸さないでしょう。一方で、長年付き合ってきた親友や何度もお世話になってきた先輩に同じことを言われたら、お金を貸す人も多いのではないでしょうか。

このように、人が人のために何かをする場合、「相手が信頼に足る人物かどうか」「相手にどれだけ借りがあるか」を考慮して行動を決定しています。

ただし、どれだけ相手を信頼していたり、借りを感じていても、一定の許容量を超えると相手のために何かすることには強い抵抗感を覚えるようになってしまいます。たとえば、上述した10万円を返してくれないまま「今度は100万円を貸してほしい」と言われた場合には、断る人は多いでしょう。

裏を返せば、「相手からどれくらい信頼されているか」「相手にどれくらい貸しを作ることができているか」次第で、相手が自分のために動いてくれるかどうかは決まります。ドライな考え方ですが、相手から信頼を得る・貸しを作ることを念頭に置きながら、仕事をしていくことは社内外のステークホルダーの力を借りる上で必須のスキルであるとも言えるでしょう。

● 信頼と貸しの積み上げ方
　人からの信頼・人への貸し（信用貯金）を積み上げる方法は大きく分けて5つあると私は考えています。ひとりマーケターは下記に留意しながら、社内外の協力的なステークホルダーを増やしていくようにしましょう。

　　1：説明責任を果たす
　　2：一貫性を持つ
　　3：相手の立場を考え、協力する
　　4：感謝と謝罪をしっかり伝える
　　5：結果を出す

　まず「1：説明責任を果たす」についてです。自分がやろうとしていること・やってきた活動について、適切な粒度で公開するようにしていきましょう。対外的な打ち合わせの冒頭で自社のマーケティング活動状況について10分程度でアウトプットし相手にキャッチアップしてもらうのも良いですし、社内向けであればチャットツールなどで気軽に誰もが読める場所に活動内容のまとめを投稿したり、ランチや打ち合わせの際に共有をしても良いでしょう。マーケティングの話は細かく説明すると専門用語が増えて難しくなりすぎるため、より概要レベルの話を中心に説明することをおすすめします。

　説明責任を果たすことで、周囲はひとりマーケターが「何をやっていて、何をやろうとしているのか」を理解することができます。結果として、役に立つ情報を教えてもらえたり、人を紹介してもらえたりとポジティブな効果が期待できます。

　また、こうした前提情報があることで、いざステークホルダーに何かをお願いする段になっても早く理解をしてもらうことができ、迅速に協力してもらえる可能性も高まります。

次に「2：一貫性を持つ」についてです。

人は約束したことを守ったり、相手によって主義主張を変えないなど、人格に一貫性のある人をより信頼します。人は、約束を破る人・相手によって主張を変える相手に対しては、自分との約束も破るだろうなと思うし、自分のいない所では自分に言っているのと違うことを発言しているのかな、と思うものです。

続いて「3：相手の立場を考え、協力する」についてです。

ひとりマーケターが信頼と貸しを築き上げようとしている相手もまた、自分の仕事があり、実現したい成果があり、日々の生活の悩みがある個人です。ひとりマーケターが相手に協力して欲しい何かがあるのと同じように、相手も誰かに協力して欲しい何かを抱えているケースがほとんどなのです。

相手の立場に立って考え、課題や悩みを解消できるよう協力することは、相手から感謝される行動であり「この人の頼みなら聞いてあげよう」と思ってもらえる良いきっかけになることがままあります。

協力するといっても、相手の残業を手伝うなど大仰なことでなくても良く、課題解決につながる会社や人を紹介してあげたり、社内のキーパーソンを交えたランチを設定してあげたりいくらでも工夫の余地はあります。どんなことでも良いので、相手のためにできることがないか、考えるようにしてみましょう。

「4：感謝と謝罪をしっかり伝える」についてです。

思った以上に、多くの人は「人として当たり前のこと」ができていません。あなたの周りにも「人に謝れない人」や「人にありがとうと言えない人」は少なからずいるのではないでしょうか。

誰かが自分のためにしてくれたちょっとしたことには感謝を伝えましょう。また、誰かに少しでも嫌な思いをさせてしまったなら謝罪を伝えましょう。

こうした当たり前の小さなことの積み重ねが「この人は人として曲がったことはしない」という信頼と周囲の協力につながっていくでしょう。

　最後は「5：結果を出す」です。

　どれだけ人から信頼されていても、人に貸しを作ることができていても、究極的には結果を出す必要があります。得られた協力に対し、結果で返すことができない人に対しては、徐々にステークホルダーからの信頼は失われてしまいます。

　もちろん百発百中ですべての仕事で成果を出せる人は存在しませんが、周囲からの協力を軽く思わずに、必ず結果を出すという気迫と結果を出すために細かい部分まで考え抜くことが肝要です。

　また、周囲の協力により、あなたが施策を成功させて結果を出すことができたなら、なるべく多くの人の前で周囲の協力者への感謝を述べましょう。

　「4：感謝と謝罪をしっかり伝える」にも関連しますが、この行為によってあなたは周囲の人々の評価を高めると共に、あなた自身の評価をも高めることができます。

4章

ひとりマーケターをやる前に知りたかった！BtoBマーケティングの基本と、すぐに成果を出すための基礎知識

ひとりマーケターになってから知った、
マーケティング情報の中でとくに役立ったものを
抜粋してご紹介します。

具体的なハウツーに入っていくにあたり、基本的なスタンスや考え方を共有します。なぜなら、スタンスや考え方が合わないと、MacのOSでWindowsのソフトを開こうとしているようなもので機能しないからです。

「BtoBとBtoCの違いを押さえよう」と「BtoBマーケティングの不変のルールを押さえよう」は一般的な話が続くため、知っている方は読み飛ばしていただいても構いません。

4-1　BtoBとBtoCの違いを押さえよう

BtoBマーケティングとは「企業向けの商品・サービスを販売するための活動」のことを指します。BtoBは「Business to Business」を略した言葉で、「企業が企業に向けて商品・サービスを提供する」という意味です。具体的な例としては、「企業向けコンサルティング」「ITツールの販売」「食材の卸売り」「製品部品の製造」などが挙げられます。

企業が他社の商品・サービスを購入する目的は、基本的に利益を上げるためです。利益を生み出すために、他社にコンサルを申し込んだり、他社のツールを使って業務効率を上げたりしています。BtoBマーケティングを成功させるためには、自社の商品・サービスがいかに相手の利益を生むのかを合理的に訴えることが効果的です。

BtoCマーケティングとは、「一般消費者向けの商品・サービスを販売するための活動」のことを指します。BtoCは「Business to Customer」の略称で、「企業が一般消費者に向けて商品・サービスを提供する」という意味です。具体的なビジネスの例としては、「コンビニ・デパート」「飲食店」「保険会社」「ネット販売」など、膨大な数の業態があります。

● BtoBマーケティングとBtoCマーケティングの7つの違い

BtoBにしてもBtoCにしても、マーケティングを成功させるにはそれぞれの特徴を深く理解して、適切な手法を取ることが大切です。ここからは、BtoBとBtoCの違いを見ながら両者の特徴を深掘りしていきます。

BtoBとBtoCの違いをまとめると、次表のとおりです。

	BtoB	BtoC
取り扱う商品・サービス	完成品以外も取り扱う	基本的には完成品
価格	高め	低め
販売方法	作った企業が直接販売することが多い	小売店・ECサイトを通じて販売することが多い
決裁権者	複数の担当者が承認	消費者ひとりで判断
検討期間	長め	短め
ブランドスイッチ（他社製品への乗り換え）	起きやすい	起きにくい
顧客との関係	継続的にコミュニケーションを取る	購入後はあまりコミュニケーションを取らない

出典：BtoBマーケティングとBtoCマーケティングの違い7選 | ナイルのマーケティング相談室、https://www.seohacks.net/blog/12641/、2022/8/25閲覧

違い1　取り扱う商品・サービス

　1つ目の違いは、取り扱う商品・サービスです。BtoCでは基本的には完成品を取り扱うことが多い一方で、BtoBでは完成品以外もよく取り扱います。

　BtoCで取り扱われるのは、日用品など一般消費者をターゲットとした商品・サービスです。一般消費者が商品・サービスを購入する目的は、自分の生活の質を向上させることにあります。そのためユーザーは商品を購入後すぐに使って、満足感が得られる完成品を好む傾向が高いでしょう。

　BtoBでは、企業対企業の取引になります。企業が他社製品を購入する目的は収益を得るためです。利益を上げるために、他社から部品を購入して製造した商品を販売したり、他社のサービスを活用してコストを削減したりといったことが行われています。このようにBtoBでは完成品以外の「部品・原料」や「企業活動の一部をサポートするサービス」も取り扱われます。

違い2　価格

　BtoBとBtoCでは、扱う商品・サービスの価格も異なります。BtoBは単価が高くBtoCは低い傾向にあり、このような価格の差が生じるのはターゲットに違いがあるからです。BtoBでは「企業」がターゲットになるのに対し、BtoCは「一般消

ひとりマーケターをやる前に知りたかった！

費者」がターゲットになります。したがって企業と個人では、必然的に商品・サービスを購入する予算の桁が違ってきます。

それに伴い、BtoBとBtoCでは価格の決め方も異なります。BtoCでは販売店によって若干の価格差はあるものの、同じ商品であれば全国どこでも同じような価格で購入が可能です。しかし、BtoBでは同じ商品・サービスでも取引先ごとに価格が変動する場合があります。これは案件ごとに見積もりを出して価格を決めることが一般的だからです。

違い3　販売方法

販売方法もBtoBとBtoCでは異なります。BtoBでは、商品・サービスを作った企業が直接取引先へ販売することが主流です。そのためマーケティング戦略を練る上では、顧客を集める方法を含めて考える必要があります。

一方でBtoCは小売店やECサイトを通じて販売することが一般的なため、集客は販売する店舗やサイトに委託する場合が多いでしょう。ただし、自社の店舗やECサイトで販売する際にはBtoBと同様に集客の戦略を練る必要があります。

違い4　決裁権者

4つ目の違いは、商品・サービスを購入する決裁権を持つ人です。BtoCでは決裁権者と利用者が同一人物なのに対して、BtoBでは決裁権者と利用者が基本的に異なります。

まずBtoCの場面では、商品・サービスを利用する人が店舗やサイトに訪れ、1人で購入するかどうかを決めることが多いでしょう。マーケティング戦略を練る上では、「商品を使う人」の購買意欲を掻き立てる戦略が必要です。

一方でBtoBでは商品・サービスを購入する際に、社内の複数の担当者がチェックします。これは会社の予算が適正に使われるよう、慎重に判断するためです。社内審査の中では、購入する商品・サービスを直接使用しない上長の決裁まで得る必要があります。実務担当者と管理職の両方が納得し、購入してもらえるようなマーケティング戦略を取ることが大切です。

違い5 検討期間

BtoBとBtoCでは決裁権者が異なることに関連して、購入に至るまでの検討期間にも差があります。一般的にBtoBでは購入までの検討期間が長く、反対にBtoCでは短い傾向になるでしょう。

理由は、BtoBでは商品・サービスの購入までに複数の担当者の承認が必要であることです。複数人がそれぞれ購入の必要性を判断するため、その分時間がかかります。大きな企業になればなるほど、1つの事業に関わる担当者が多く決裁者も増えるため、検討期間が長くなる可能性があるでしょう。

一方でBtoCでは、決裁権者が1人の場合が多いです。たとえば、主婦の方がスーパーで買い物をするとき、自分だけの判断で一つひとつの商品を非常に短い時間で「買う」「買わない」の選別をしていきます。このように、BtoBと比べて検討期間は圧倒的に短いといえるでしょう。ただし、住宅や自動車など高額の商品を購入する場合には家族で時間をかけて話し合うことが一般的です。「BtoCだから一概に検討期間が短い」というわけではない点に注意してください。

違い6 ブランドスイッチの起きやすさ

BtoBではブランドスイッチは起きにくく、BtoCではブランドスイッチが起きやすい傾向です。ブランドスイッチとは、ある商品・サービスを使っていた人や企業が、同じような別ブランドの製品に切り替えてしまうことを指します。

BtoBでブランドスイッチが起きにくい理由は、1つの商品・サービスを変えると複数の部署に影響が出る場合があるためです。たとえば、今までWindowsのパソコンを使っていた企業が、社内のすべてのパソコンをMacに切り替えるとなると、大変な労力がかかります。このように商品・サービスを切り替えること自体がコストに大きく影響するため、ブランドスイッチは起きにくいといえるでしょう。

一方、BtoCでは個人ユーザーが品定めをしやすい状況にあるため、ブランドスイッチが起きやすいといえます。たとえば、食パンにしても衣料用洗剤にしても、新商品が出たりセールになっていたりするたびに別ブランドのものを試す人が多いのではないでしょうか。BtoCの商品・サービスの多くは代替可能でトレンドの移り変わりも早いことから、ブランドスイッチが起きやすいとされています。

違い7　顧客との関係

最後の違いは「顧客との関係」です。BtoBでは購入してもらった企業と継続的にコミュニケーションを取ることが多い一方、BtoCの大体の分野では購入後にユーザーとコミュニケーションを取ることはあまりありません。

BtoBでは「定期的なミーティングを実施する」「納入している部品の改良をお願いする」「ツールの仕様の変更を共有する」などの機会はよくあります。このように、商品・サービスを購入した後も、継続して企業間でコミュニケーションを取る機会が多くなります。

一方でBtoCでは、一部の分野を除いて商品・サービスを提供する企業と消費者がコミュニケーションを取る機会はあまりありません。たとえば、コンビニでお菓子を買ったときに顧客とメーカーがやりとりをすることは基本的にないでしょう。ただし、自動車など購入後もメンテナンスが必要な商品の場合には、オーナーと企業が継続的にコミュニケーションを取ることがあります。

4-2 ｜ BtoBマーケティングの不変のルールを押さえよう

● 1つ目：BANT条件

これは私の勤め先で顧問として、いつもお世話になっているベイジ株式会社の枌谷力さんのPowerPointのスライドです。見やすいので拝借します。

```
B : Budget      ＝ 予算

A : Authority   ＝ 決裁権

N : Need        ＝ 必要性

T : Timeframe   ＝ 導入時期
```

BANT条件は非常によく言われていることなので、説明は要らないかもしれません。このBANT条件がそろっていると営業は提案しやすいです。そのため、マーケにもBANT条件がそろっているリードを求めます。ここで1つ難しいのはBtoBの場合、BANTを握っているのがひとりではないことです。予算は部長だけど決裁権は部内エースの課長、導入時期は現場の状況に寄りけり…というようにバラバラなことも多いです。ですから、BANT条件が完璧にそろってからお客様に問い合わせしてもらおうとすると、いつまでたっても問い合わせは増えません。量と質のどちらが大事かという話になりますが、BtoBマーケティングでひとりならば圧倒的に量が大事だといえます。質＝BANTの精査をたったひとりの工数では難しいので、とことん数を増やしましょう。母数が増えれば営業の受注率が下がらない限りは単純計算で受注は増えます。営業の受注率が下がったらそのとき改めて質の相談をすれば良いでしょう。

● 2つ目：一人では決定できない

BtoBの商材は1人で導入を決定できません。たとえば担当者があなたのサービスを良いと思っても、尊敬している先輩社員に「え、A社さん？ 同業他社のB社の評判がいいから、そっちにも話きいてみない？」と言われたらB社にも相見積もりしてしまうでしょう。

また担当者がどんなに貴社サービスを良いと思っていても担当者の上司にサービスの必要性を伝えなければ導入の検討土台に乗りません。ウェビナーの章で解説しますが、ウェビナーでもメールマガジン（以下、メルマガ）でもホワイトペーパーでも、何かコンテンツをつくるときは「担当者が誰かに話したくなる情報があるか」ということを常に意識しましょう。株式会社マツリカが出している「Japan Sales Report 2022」によると、購買も承認も、BtoBの場合は複数人で行われています。

購買活動において、選定メンバーは64％が4～10人、承認者は79％が2～10人

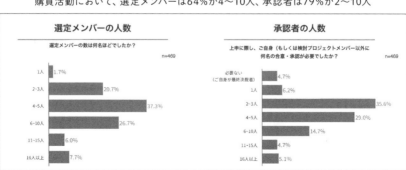

Japan Sales Report 2022 ～Buying Study：購買活動の実態調査～ | Senses、https://product-senses.mazrica.com/dldocument/japan-sales-report-2022-summer、閲覧日2022年8月25日

4-3 | デザインの知識を少しだけつけよう

　2020年4月に現在のチームでひとりマーケターとして働くようになってから、Webサイトのデザインを変更することが増えました。**マズかったのは私にデザインのロジックがないことです。**

どういうものなら、高級感があるように見えるのか？
どういうデザインだと、安っぽく見えるのか？

　それがわからなくて、デザイナーから「AとB、どっちのデザインが良いですか？」と言われても、上手く意見を出せませんでした。今までPowerPointや広告、Webサイトなどあきれるほどデザインを見てきたはずなのに、「なぜこのデザインにはこういう印象をもつのだろう」と考えたことがありませんでした。

　しかし、現在は「Aのデザインの方が洗練されて見えるので良いと思います。でも、XXの部分の余白をもう少しとることはできますか？　その方がより洗練されて見える気がするので、お手数ですが一度見てみたいです」「AとBのデザインなら、Bの方がウチのイメージに合いますね。なぜならフォントが〇〇だし………」という意見交換ができるようになりました。デザインにはロジックがあり、そのロジックを学んだからです。

　デザインのロジックをもつ、とは、「なぜこのデザインは親しみやすいと感じるのか」「なぜこのデザインは高級感があるように見えるのか」が説明できるようになることです。ロジックをもてるようになるとデザイナーと建設的な意見交換ができます。

　まだまだプロのデザイナーからしてみたら完璧とは言えませんし、コミュニケーションが未熟なところもありますが、デザインのロジックを知ると、「なんとなくイメージに合わない」とか、抽象度の高い意見を出してデザイナーを困らせることが減ります。

　デザインのロジックを学ぶ上で最も参考になった書籍が『7日間でマスターするレイアウト基礎講座』（内田 広由紀、1998年、視覚デザイン研究所）という書籍です。3章で登場したデザイナーのM下さんが薦めてくれた1冊です。この本のお

かげで私はデザインにロジックがあることを知り、そのロジックを用いてデザイナーとコミュニケーションが取れるようになりました。

ひとりマーケターはホワイトペーパー、ウェブサイト、アイキャッチ、ブログ内の図解などデザインと接することが多い仕事です。自分ではデザインができなくても、デザイナーに指示をすることでクリエイティブの量産は可能になります。しかし、かつての私のようにデザインについて今まで考えたことも勉強したこともないと、共通言語が足りないためにデザイナーへの指示出しは難しく感じてしまいます。そのため、デザインを作るトレーニングというよりは、デザインを論理的に説明するトレーニングが必要です。

この本には、たくさんのトレーニングが載っています。いまでも決してデザインができるとは言えませんが、デザイナーからもらったデザインに対して昔より適切に建設的な意見を出すことができていると思います。デザイナーとお仕事する機会が多いマーケターの方は良ければ読んでみてください。

4-4　意思決定に人の気持ちを持ち込まない努力をしよう

ひとりマーケターの意思決定には苦しいことがいくつかあります。読者のあなたもすでに経験しているかもしれませんが、まだ経験していない方のために2つ例をあげます。

● 1つ目：予算配分の意思決定

ひとりマーケター時代に行った意思決定でとくに辛かったのは何年もお付き合いのあった制作会社や業務委託の方との契約を打ち切ったことです。限られた予算の中で結果を出すために、成果への貢献が小さい発注の一部を縮小し、よりサポートが充実した企業へ乗り換えることにしました。

長く自社を支えてくれた人に契約終了を伝えるのは嫌でした。予算が限られているひとりマーケターが、おそらくやることになるのは予算の最適化です。ひとりマーケターなのに、高額な外資系の有名ツールを導入している、広告運用できる時間がないのに月に数十万円も広告に投資しっぱなしになっている、コミュニケーションコストが非常にかかるのに長年付き合いのあるライターや制作会社に仕事を頼んでいる…。

このようなものをすべて見直し、より成果を出すためにほかの手段を選ぶことになります。

● 2つ目：施策の優先度を決める意思決定

ある日、私は自分の目標を達成できませんでした。そのとき、**当時の上司は私に「成果が出なかったのは、君が周りの気持ちを尊重して、決断しなかったからだ。決断しない君が悪い。君の仕事は決めることだろう」**と言いました。

社内にはいろんな気持ちで「こんなことしたら良いんじゃない？」と提案してくれる人がいます。その提案を実行するか、しないかを考えているうちに時間がいたずらに過ぎてしまいます。また、Aさんの提案を実行しないと決めたら、今度は「Aさんになんて断ろう」と悩み始めます。成果を出すための意思決定ではなく、Aさんにどう思われるだろう、ということを起点に意思決定していたのでした。

社内の人間関係をこじらせるのは怖いので、意見を聞いたり、気持ちを汲もうとしたりします。しかし、仕事における意思決定は人の気持ちを考えすぎると、組織全体のためにならない誤った意思決定になります。Aさんの気持ちを汲んだ決断をしたことで、組織全体が悪くなり、結局Aさん自身にもメリットをもたらさない、ということがありえます。もっと悪いのは決断できないことです。人の気持ちを尊重すると、決断を鈍らせることになります。

意思決定は売上を増やすという目的から1mmもズレてはいけません。『確率思考の戦略論 USJでも実証された数学マーケティングの力』（森岡 毅、2016年、KADOKAWA/角川書店）という、とても参考にしている書籍があります。本書には、決断が目的から1mmでもズレることの怖さについて、こう説明しています。

中心にある目標を凝視して慎重に狙いをつけて矢を放ったとしても、矢はその目標ドンピシャにはなかなか当たりません。明確に正しい目標を狙っていたとしても、結果は的の中心からの様々な誤差を生み出すのです。

〜中略〜

> 明確な目標を狙いすましても誤差でブレるのに、目標をズラしてしまった
> らビジネスの結果はとんでもないことになるのです。

出典：森岡 毅、今西 聖貴（2016年）、『確率思考の戦略論 USJでも実証された数学マーケティングの力』、KADOKAWA／角川書店、122〜124ページ）

　だから、決断は目的や目標から1mmもズレてはいけません。ただでさえ思いどおりにいかない世界で、目的や目標から1mmでもズレた意思決定をしたら、さらにズレた結果を招きます。

① 正しい決断がされたとき

効果 0.68 (100)

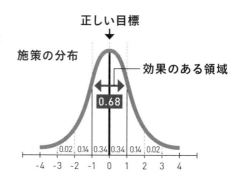

② 正しい目標より1標準偏差 ずれたとき

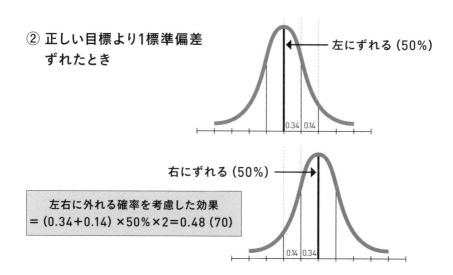

左右に外れる確率を考慮した効果
＝（0.34＋0.14）×50％×2＝0.48 (70)

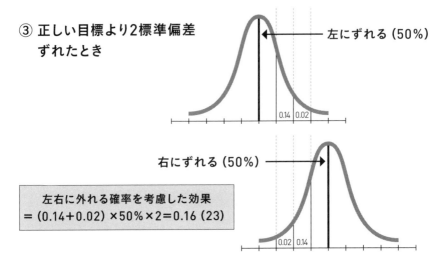

③ 正しい目標より2標準偏差
　ずれたとき

左にずれる（50%）

0.14 | 0.02

右にずれる（50%）

左右に外れる確率を考慮した効果
= (0.14＋0.02)×50%×2＝0.16 (23)

0.02 | 0.14

出典：森岡 毅、今西 聖貴（2016年）、『確率思考の戦略論 USJでも実証された数学マーケティングの力』、KADOKAWA/角川書店、125ページ）

　それではどうすれば目的から1mmもズレない決断ができるでしょうか？　それは数字を元にすることです。

　2020年5月、新型コロナウイルスの流行によって業績悪化したAirbnbが従業員の25%を解雇すると発表しました。その際、同社のCEOが従業員に向けて発したメッセージが次の内容です。

A Message from Co-Founder and CEO Brian Chesky（和訳）

これで、私が自宅からお話しするのは7回目です。お話しするたびに、良い知らせと悪い知らせを共有してきましたが、今日はAirbnbにとってとても悲しい知らせをいくつかお伝えしなければなりません。

以前一時解雇について質問があがった際には、まだ何も決まっていない状況だとお伝えしました。しかし、本日誠に残念ながら、Airbnbにおける従業員規模の縮小が決定されたことをみなさんにお伝えします。Airbnbのように、誰もがどこにでも居場所がある世界の実現を中心にミッションを掲げる企業にとって、この度の決断は非常に難しいものでした。その上、

Airbnbに別れを告げなければならない方々にとっては、さらに受け入れがたいことだと存じます。今回の決断に至った経緯、そして退社される方々のためにAirbnbがどう対応していくのか、そして今後どのようになっていくのかについて、最大限詳細をお伝えしていきます。

まず、この決定に至った経緯をお話しします。私たちは、生涯においても最も厳しいであろう危機を共に乗り越えようとしています。危機は少しづつ解消されはじめていますが、国際間の旅行は停滞しています。Airbnbのビジネスは大きな打撃を受けており、今年の収益は2019年の収益の半分以下と予測されています。このため、当社は20億ドルの資本金を調達し、社内のほぼすべての方面のコストを大幅に削減しました。

こうした対策は必要なものであった一方で、さらに踏み込んだ対応を行わなければならないことが明らかになりました。次にあげる2つの非常に厳しい真実に直面していることがその理由です。

旅行がいつまた可能になるか、明確な見通しが立たないこと。
旅行をすることが再度可能になったとき、それは以前の旅行とは違ったものになっているだろうということ。
Airbnbのビジネスがいつか完全に回復することは確かです。しかしその一方で、もたらされる変化が一時的または短期間ではないことは明らかです。そのため、これからAirbnbはより集中的な事業戦略を中心に据え、従業員規模を縮小してAirbnbに根本的な変更を加える必要があるという決断に至りました。

この度、誠に遺憾ながらAirbnbを構成する社員7,500名のうち、約1,900名の退社による従業員規模の縮小がなされることとなりました。これはチームの実に約25%を占めています。現在の状況下では、Airbnbにおけるすべての事業に以前のように取り組むことが非常に困難であり、今回のお知らせは、Airbnbが一定のビジネスにより集中していくための苦渋の判断です。

※出典：5月5日：Airbnbからの重要なお知らせ - リソースセンター - Airbnb 、https://www.airbnb.jp/resources/hosting-homes/a/may-5-an-important-update-from-airbnb-188、閲覧日2022年10月6日

同社のCEO　Brian Cheskの記事にはBrian Cheskのもとを去る1900人の従業員への誠実さであふれていました。**意思決定は冷徹に行い、それを実現するためのアクションは人の気持ちを考えたものでした。**1900人を解雇することを決断したのは数字をベースに決めたはずです。決断は数字。そして、それを実行するには、働く人の気持ちを考えて対応することが必要です。その1つがこの記事だと思います。

　ひとりマーケターと程度は違えど、どんなビジネスの世界でも数字が優先されます。結果が伴わないものは縮小するしかありません。その意思決定の瞬間は、やさしさや配慮は消し去らねばなりません。数字を見て判断しなければいけません。

　ひとりマーケターのみなさんも、限られた予算で成果を出すには、ずっと契約している企業との契約をやめたり、親しい同僚からの施策提案を断ったりする場面が必ず来ます。**そのとき、数字をベースにした決断なら、合っています。**あとはそれを実行する際に、相手に寄り添いながら「なぜその意思決定になったのか」「どう対処するのか」相手の気持ちになって伝えれば大丈夫です。契約を終了する発注先や、提案を断る同僚との関係はこじれたりしません。あなたが大きく成果を出して予算が増え、機会が訪れたら、また発注すれば良いのです。

4-5 「SAVE」BtoB マーケの新フレームワーク

● 4Pがちょっと使いにくい

　マーケティング担当者ならば誰もが使ったことがあると思うのが、4Pのフレームワークです。

　私も4Pのフレームワークに合わせて自分の仕事を整理してみようとしたのですが、とにかく困りました。うまく使いこなせず、こんなことを感じてしまいました。

　製品（Prodauct）：BtoB商材の場合、当てはめにくい。**製品の機能や、内容よりも、その機能がどんな課題を解決してくれるのか？　の方が大事なのではないか**

　流通（Place）：無形商材の場合、**配架の概念があまり強くない**ので、どこに出品するか考えにくい

　価格（Price）：価格競争を意識してしまいやすくなる。提供価格を下げないとしても、コストを下げるために奔走してしまう。コストを下げるのは大事だが、仕入れを買いたたくのはよくない。また、**BtoBの場合、お客様は安いから導入するというより「投資対効果が見込める」から契約することの方が多いのではないか**

販促（Promotion）：BtoBの場合、新規獲得も大事だが、契約を切られないように価値を提供し続ける、伝え続けるのも大事ではないか

フレームワークは頭の中をすっきりさせるためのものだと思っていたので、自分の経験・思考不足を反省する一方、そもそも4Pは1960年代に産まれたもので、かなり古く、もしかして今の時代に合ったフレームワークがあるんじゃないか？ BtoBに合ったものを、もう頭の良い人が開発しているんじゃないか？　と思い、調べました。

● 4Pに代わるBtoBのフレームワーク『SAVE』

このような課題を感じていたので、日本語と英語でマーケティングフレームワークについて調べていたところ、『SAVE』というフレームワークについて書かれた記事をいくつか見つけました。

2013年のハーバードビジネスレビューで最初に『SAVE』を見つけた

Rethinking the 4 P's

It's not that the 4 P's are irrelevant, just that they need to be reinterpreted to serve B2B marketers.

出典：Rethinking the 4 P's、https://hbr.org/2013/01/rethinking-the-4-ps、閲覧日2022年8月25日

4Pがダメなのではなく、4Pを解釈しなおすことが必要であるということです。

4Pの思考からSAVEへの転換を成功させるには、次の3つのポイントがあると、SAVEを活用した先駆者であるMotorola Solutionsは述べています。

1つ目は技術開発や製品開発に寄った思考から顧客中心・顧客の課題解決（ソリューション）中心のマインドセットにすること、2つ目は顧客中心が反映されているマーケティング組織を設計すること、3つ目がマーケティングと営業組織が、サービスやツールの開発側と連携を強めることの3つです。

主に英文記事ベースに自分なりにまとめたものなので、解釈の違いや、もっとマーケティングに詳しい方が読めば更に正しく理解できるのかもしれません。少なくともひとりマーケターだった私は、SAVEを次のように解釈し、仕事に活かしていきました。

製品（Product）から解決（Solution）

SはSolution（ソリューション）です。先ほど私は4Pの使いにくい理由に製品の機能より、その機能がどんな課題を解決してくれるのか？　の方が大事だと感じていると書きました。

お客様は製品が問題を解決できるかどうか理解できないと、どんな機能があっても買いません。そのため製品開発／サービス開発にはそれが、お客様のどんな課題を解決するのか？　がないと売れません。お客様を中心にソリューションを考えることが重要です。

流通（Place）から接点（Access）

BtoBの場合、商品をスーパーやコンビニに並べないので、配架の概念があまりなく、個人的には「流通」は考えにくいものでした。

SAVEによるとお客様との「接点」を考えるようです。

考えてみると今の時代はBtoBでもBtoCでもCRM、MA、SFAがあり、お客様に適切なタイミングで接点をもつことができます。

お客様もBtoB、BtoC問わず、インターネットでいつでもどこでもサービスや商品の情報にアクセスできます。

よってお客様との接点が場所だけではなくなっているので、考えられる接点のうち重要なものは押さえていく必要があります。私はお客様を中心に、お客様がアクセスしやすい場所を問い合わせ窓口として取りに行こうと考えました。

価格（Price）から価値（Value）

BtoBの場合、お客様は安いから導入するというより「投資対効果が見込める」から契約することの方が多いのでは？　と私は考えています。

ある相見積もりサービスで勤める方に教えていただいたのですが、お客様が相見積もりをとって、1社を選ぶ際に重視していたのは価格よりも営業マンの提案内容とスピードだったそうです。

　私もお客様に「予算に上限はありません。投資対効果が見込めるならいくらでも出します」と言われたことがあります。

　また「予算は〇円です。この予算の中で、最も投資対効果がある提案をしてほしいです」と言われたこともあります。

　文字にしてみれば当たり前ですよね。BtoBの場合、お客様は安いからお試しで買うのではなく、価値があるから買うのです。

販促（Promotion）から啓蒙（Education）

　BtoBのオウンドメディアやSNS運用、メールマガジン、セミナーの目的は販売促進でしょうか？　お客様は基本的に販売促進されたい、教育されたいと思っていないため、ナーチャリングという言葉にも違和があります。

　啓蒙活動は多くのBtoB企業にとって重要な取引期間の長さ、契約の更新にも影響します。きちんと自社のメッセージを伝え、自社がいかにお客様に貢献できるのかが伝われば、ほかの類似サービスがあっても自社を選んでいただける可能性があります。

　次図は私のSAVEの解釈です。

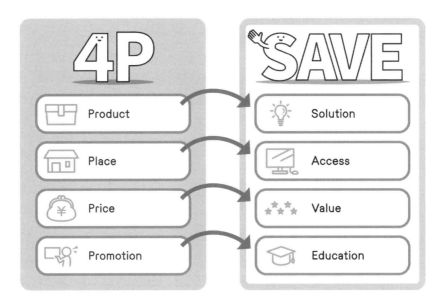

5章からは4PとSAVEに当てはめて、施策のお話をします。

✏ 整理してみよう

- あなたが担当しているサービスを4PとSAVEのフレームワークに当てはめて整理してみましょう。

- 私がデザインを少し学ぶことでデザイナーコミュニケーションが円滑になったように、あなたが学ぶことで周囲とのコミュニケーションが円滑になったり、あなたが正確な指示出しができるようになるのはどのような分野でしょうか。

プロセスと成果の相関性

　よく「仕事は成果がすべて」という言い方がされます。会社の業績に照らし合わせると、当然ながら売上や利益といった定量的な数字＝成果が現れなければ、経営は立ち行かなくなるのが事実です。

　しかし、仕事によっては、どんなに頑張っても成果が上がらないことがあります。また、本人の能力に関係なく成果が出るということも往々にしてあります。**私はこれを「プロセスと成果の相関性」と呼んでいます。**

　具体例を挙げます。

　ここに、非常にユニークな商品で業界におけるポジションを築き、年間で100億円の注文を50人の営業社員で受注する企業Aがあったとしましょう（一人あたり年間2億円の受注をしている計算です）。

　企業Aでは、どのように営業活動をすることで成果が上がるのか、一定の暗黙知・形式知が認識されており、多くの新規入社の営業社員は6カ月程度の期間があれば年間2億円の受注ができるだけの実力を手にすることができます。

　一方で、5年前に創業されたばかりの企業Bは、1年の年月を経て開発した新商品の営業をたった3名からなる新規商品開拓チームに託し、これまでとは違う業界の顧客への営業活動をはじめました。

　当然ながら、新規商品開拓チームは苦戦を強いられ、さまざまな仮説を元に市場開拓を試みるものの1年かけても受注は3人で6,000万円にとどまり、チーム単位では赤字となってしまいました（一人あたり年間受注額は2,000万円）。

　いかがでしょうか。

　企業Aは既存商品・かつすでに50人の営業社員が営業活動を最適化し「どういう努力をすれば、成果が上がるか」というプロセスと成果の相関性が非常

に高い環境を構築できています。結果として、企業Bに比べて相対的に成果を出しやすい環境が整っていると言えるでしょう。

　一方で、企業Bは創業して間もなく、かつ、新規商品ということもあり「どういう努力をすれば、成果が上がるか」あるいは「そもそもこの商品は成果が上がる商品なのか」が不透明と言わざるを得ません。つまり、プロセスと成果の相関性が低い環境にあると言えます。

　前置きが長くなりましたが、企業Bと同じように、ひとりマーケターという仕事は「成果とプロセスの相関性が低い仕事」であると私は考えています。ひとりマーケターが任命される場合、その多くはその企業にとっての新たな試みとしてインターネットを活用したマーケティング活動をすることが狙いとしてあるでしょう。

　しかし、その多くは新規の取り組みであり、どのような努力が成果に結びつくかが分からないことの方が多いでしょう。また、そもそもインターネットを活用したマーケティングが効率的ではない商品・サービスを展開しているという場合もじゅうぶん考えられます。

　こうした不透明な状況で就任するひとりマーケターについては、その評価は非常に難しいと言わざるを得ません。

● **ひとりマーケターの評価**
　ではどのように、ひとりマーケターを評価すれば良いのでしょうか。
　私の結論としては、成果とプロセスの相関性が低い職種である以上は、成果が出ないことを理由にマイナス評価はせず、プロセスに重点を置いた評価をすべき、というものです。

　成果を出すためにどのような課題設定のもと施策を実行してきたのかについて、しっかりと情報共有を受けて合意形成をしながら、課題設定の妥当性と施策遂行力、また上手くいかなかったときにどのような理由でどのような試行錯誤をしてきたか、これらを説明・言語化する能力を重視した評価をするのが良いでしょう。加えて、ひとりマーケターがやってきた内容と類似する内容を実

行できる人物について、他社であればどのような給与水準で雇われているのか
を調査する意図で、他社求人を参考にしたり、転職エージェントからの意見な
どをヒアリングすることも有効でしょう。

　一方、成果とプロセスの相関性が低い職種であるにも関わらず、ひとりマー
ケターが成果を出したときは、どのように評価をするのが良いでしょうか。当
社においては、プロセスについての評価に加え、成果についても＋αの評価対
象として考慮することとしています。

　成果とプロセスの相関性が低いとはいえ、深い思考力と実行力で成果を出
した人間を、成果によって評価しない場合、それは明確に当人のデモチベー
ションに繋がってしまいます。プロセスに加えて成果も素晴らしかったので
あれば、最大の賛辞と評価で遇するのが良い企業のあるべき姿ではないでしょ
うか。

5章

プロダクト（ソリューション）
新商材を開発する
リソースも予算もない！

新商品開発ができないひとりマーケターは、
既存商品をどのように売っていけば良いのでしょうか？

結論から申し上げると、ひとりマーケターで新商材をつくることはほぼ不可能に近いと思います。周囲も「既存商材をまずは売ってほしい！」となってしまうからです。かといって、お問い合わせを増やしたり、注目を集めたりするのは新商材の方が容易です。だからこそ、ここがBtoB企業でひとりマーケターをする場合、腕の見せ所になります。まっさらな新商材を作ることはできなくても、商品の切り口を変えることで商機を得られます。

5-1 ｜ マーケターにとって大切なのは「自社商品を愛する努力」

こんなことをおっしゃるマーケターがまれにいらっしゃいます。

「商品がよくなくても、俺たちマーケターが優れていたら何でも売れる」
「商品がよくないから、どんなにマーケティングが優れていても売れない」

　私はどちらとも違う意見をもっています。私はマーケターにとって大切なのは自社商品を愛する努力だと考えています。これは成果が出なかったときに商品のせいにしないこと、どんな商品にも愛するポイントがありそれを見つける努力をすること、本当に商品がお客様の役に立っていない場合は愛をもってサービスを撤退する、または改善することです。私にとってその原動力となるのが顧客ヒアリングです。

5-2 ｜ 「君は全くお客さまの声を聞いていない」

　私が新人マーケターとして行った仕事で、既存商品の見せ方を変えて、お問い合わせと新規受注を増やしたことがありました。当時、私はひとりマーケターとしてお問い合わせを増やすために、まずはウェブサイトの改善に取り組んでいました。そんな中、縁があってマーケティングに携わる方ならだれもが知っている著名なマーケター（本書ではXさんとします）に、マーケティングの相談に乗っていただける機会を得ました。

　私は数日かけて資料を用意し、今の弊社はこんな状況で、こんなお問い合わせを増やしたくて…とデータをまとめました。しかし、その資料を一とおり読んだ X さんから言われたのは「何が言いたいかさっぱりわからない。君、お客さんの話をきいていないでしょう？」でした。

　全くそのとおりでした。私は目先の数字を伸ばすことに精一杯で、インサイドセールスでアポを取るための電話を除いて、異動してから半年間、一度もお客様と会話していなかったのです。 X さんにそうフィードバックをされてから、すぐに顧客ヒアリングにとりかかりました。それ以降、本書の執筆期間を除いて毎月実施している顧客ヒアリングはひとりマーケターの私にとってアイデアをもたらし、方向性を示してくれるものになりました。ひとりマーケターのあなたは可能であれば2カ月に1社顧客ヒアリングを行うことを目指してください。

　顧客ヒアリングは定期的に、長期にわたって続けることが大切です。理由は次の2つです。

　1つ目は、顧客ニーズの変化に気づくことができるからです。ニーズをドンピシャに当てられなくても、ニーズが変化したことに気づくことができるだけでも意味があります。

　2つ目は数字に変化が表れたときに、その理由を考察することができることです。数字は結果ですので、そのプロセスを解き明かすことが大切です。

　本章では顧客ヒアリングの具体的な進め方と、それによって弊社がサービスの見せ方を変えた一例を紹介します。読者の皆様の参考になれば幸いです。

5-3 ｜ 顧客ヒアリングの進め方

　改めてになりますが、弊社はSEOノウハウを軸にマーケティングのコンサルティングをしています。マーケティングコンサルティングのサービスは無形で、とくにSEOはわかりづらいため、弊社のお問い合わせを増やすには新商材を作るしかないと当時は考えていました。

しかし、Xさんにアドバイスをもらって実施した顧客ヒアリングによって私のマーケティング施策は大きく方向転換をします。ひとりマーケターで予算やリソースの壁に行き詰っている方こそ、ぜひ顧客ヒアリングを実施していただきたいです。顧客ヒアリングの実施方法は『たった一人の分析から事業は成長する 実践 顧客起点マーケティング』（西口一希、2019年、翔泳社）を参考に行ったので、そちらも参考にしてください。本書では私がどのように顧客ヒアリングを進めていったのかを記載します。

顧客ヒアリングの進め方

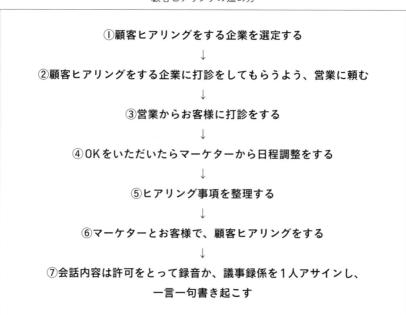

①顧客ヒアリングをする企業を選定する
↓
②顧客ヒアリングをする企業に打診をしてもらうよう、営業に頼む
↓
③営業からお客様に打診をする
↓
④OKをいただいたらマーケターから日程調整をする
↓
⑤ヒアリング事項を整理する
↓
⑥マーケターとお客様で、顧客ヒアリングをする
↓
⑦会話内容は許可をとって録音か、議事録係を1人アサインし、
一言一句書き起こす

①顧客ヒアリングをする企業を選定する
顧客ヒアリングをする企業は以下の2つが望ましいでしょう。

- **新規受注したばかりの企業**
- **ロイヤル顧客**
  ロイヤル顧客の定義を当時の私は契約して半年以上の企業様としていました。

なぜこの2つなのかというと、私も顧客ヒアリングをしながら気付いたのですが、「企業が契約をする理由」と「契約を更新する理由」は違うからです。

　まず、弊社の場合、最初の契約のきっかけは「営業の提案が的を射ていた」「マーケティングコンサルの中でも、社内事情をよく理解してくれそうだと思った」などが並びます。一方、契約更新の理由は「社内事情を理解した提案をしてくれる」に加えて、「成果」「納品物の品質が高い」「返信が早い」という声がありました。新規のお問い合わせをするか悩んでいる方に「弊社の納品物はクオリティが高いですよ」と言っても、おそらくお問い合わせのきっかけにはなりません。これは契約してから、契約更新の理由になるのです。一方で「御社の社内事情を理解した提案をします。だから、リソース不足の御社が実装できないような施策は提案しません」などの方がお問い合わせを検討している方の心に響くのではないかと仮説が立ちます。

　そのため、新規受注の理由と契約更新の背景をなるべく分けてヒアリングするのがおすすめです。半年以上契約してくださっている企業に当初の問合せのきっかけや弊社に発注を決めた理由を伺うこともあります。しかし、多くの場合は正確には覚えておられないので、新規受注に関する質問は新規のお客様に実施するのがおすすめです。

②顧客ヒアリングをする企業に打診をしてもらうよう、営業に頼む

　新規受注の企業や、契約して半年以上経つ企業の選定は営業か、営業アシスタントに協力してもらうとスムーズに進むでしょう。多くの企業では顧客情報をSFAで管理しているはずです。SFAが使えなかったり、リストを出したりしてもらえない場合は、社内の営業マン一人ひとりに15分ずつ時間をもらって、最近新規受注した企業と、契約して半年以上たつ企業を教えてもらいましょう。ここでのポイントは、顧客ヒアリングの目的を社内に正しく伝えることです。

　プロジェクトや商品に直接関係しない人が、お客様にお話を聞くのは、なんだかあらさがしをされるようで気分はよくありません。マーケターが行う顧客ヒアリングは決してそんな目的で行うものではありません。顧客ヒアリングの目的は、社内にいては気付くことができない自社の強み、価値をお客様から話してもらうことで見つけることです。強みや価値がはっきりすることは、営業にとっても商談時のキラートークを見つけることに繋がる可能性があります。あらさがしをしたいわけではないことや、顧客ヒアリングの質問内容は事前に営業に共有することを伝えましょう。

③営業からお客様に打診をする

　営業からお客様にヒアリングの打診をするときは、営業がお客様に送るためのメールの文面もマーケターが用意するべきです。営業は時間があれば新規の商談やフォローに時間を使いたいものです。その貴重な時間を割いて、受注済みの企業にアプローチしてくれるのです。営業さえOKならばマーケターがお客様に直接顧客ヒアリングを打診してもいいと思いますが、多くの場合は面識もあり受注を勝ち取るまでの信頼を得た営業から打診してもらった方がスムーズに進みます。

　顧客ヒアリングの協力依頼の文面は次のようなものです。こちらを営業に送りましょう。

顧客ヒアリングの打診文面

　山本営業部長、顧客ヒアリングへのご協力ありがとうございます。山本営業部長のお客様のＡ社さまに、以下文面で顧客ヒアリングの打診をお願いできますでしょうか。OKをいただけましたら、私から日程調整をさせていただきます。

▼ご契約半年以上の企業様向け
件名：【ご依頼】弊社とお取引頂いている理由などのヒアリングについて
お世話になっております。りんご建設の山本です。
掲題の件についてご相談がありご連絡させて頂きました。
実は弊社のマーケティング担当者が、
「弊社とお付き合いして頂いている理由を知りたい」「納品や提案の品質を高めたい」ということで、
弊社とお付き合いを頂いている企業様に定期的にヒアリングをさせて頂いております。
弊社とお付き合い頂く中で、
・良い点
・もっと改善してほしい点
・他社より良かった点、悪かった点
・ここはNGと思った点
など。
忌憚のないご意見を頂きたいと考えております。

■**主な内容**

・時間は、オンラインにて30分〜45分

・対応は、CCに入っている「〇〇（マーケターの名前）」が行います。

・ヒアリング内容は、公開いたしません。

社内の取組みに活用させて頂くことが趣旨でございます。

上記、ご確認頂き、ご協力・ご賛同頂けるようでしたら、〇〇より日程の連絡をさせて頂きます。

まずは、可否のご返信を頂けますでしょうか。

以上、よろしくお願い致します。

▼**新規のお客さま**

件名：【ご依頼】弊社に発注を決めていただいた理由などのヒアリングについて

お世話になっております。りんご建設の山本です。

掲題の件についてご相談がありご連絡させて頂きました。

実は弊社のマーケティング担当者が、

「弊社に発注を決めて頂いた理由を知りたい」「弊社への期待を赤裸々にヒアリングさせていただきたい」ということで、

弊社に発注を決めてくださった企業様に定期的にヒアリングをさせて頂いております。

・弊社を選んでくださった理由

・弊社に期待していること

・現時点で不安に思っていること

など。

忌憚のないご意見を頂きたいと考えております。

■**主な内容**

・時間は、オンラインにて30分〜45分

・対応は、CCに入っている「〇〇（マーケターの名前）」が行います。

・ヒアリング内容は、公開いたしません。

社内の取組みに活用させて頂くことが趣旨でございます。

上記、ご確認頂き、ご協力・ご賛同頂けるようでしたら、〇〇より日程の

連絡をさせて頂きます。

まずは、可否のご返信を頂けますでしょうか。

以上、よろしくお願い致します。

　上記をお客様に送っていただいて、お客様からご協力OKの返信がきたら次にすすみます。

④OKをいただいたらマーケターから日程調整をする

　お客様との日程調整はマーケターから送りましょう。マーケターが顧客ヒアリングをするための日程調整ですから、営業やお客様を担当している社内メンバーに自分から日程調整を送ることを伝えましょう。また、日程調整のときは改めて「社内のサービス改善のためであること」「公開しないこと」を伝えましょう。3～5日ほど候補日を出して、所要時間は45分～1時間ほど押さえておきましょう。

⑤ヒアリング事項を整理する

　日程が決まったら、日程確定のご連絡とともに現時点で予定している質問リストを送ります。お客様の中には事前に質問の回答を用意して参加したい方もいらっしゃいますので、事前に送付することをおすすめします。

質問事項の例

- 弊社のことを知ったきっかけ
- 他の支援会社と比較して弊社の良い点、ほかの支援会社の方が良かった点をそれぞれ教えてください
- 弊社とお取り組みをしていて、もっとこうなれば仕事がしやすい、こうなればもっと気軽に相談しやすい、と感じることはありますか？
- これまで弊社から乗り換えを検討したことはありますか？　それはどんなときですか？

　また、そのお客様を担当している社内メンバーに30分で良いので事前にヒアリングさせてもらいましょう。担当者にはヒアリングをさせてもらうお礼と、次のことを伝えます。

- **顧客ヒアリングは自社の強みを知るために行うこと**
- **そのため、ヒアリング結果は関係者にしか共有しないこと**

　加えて、担当者には次のことを確認しておくと良いでしょう
- **お客様に聞いておいて欲しいことはないか**
- **どんなお客様なのか**

⑥マーケターとお客様で、顧客ヒアリングをする

　ここまでくれば準備は万端です。お客様にヒアリングをしていきましょう。ヒアリングのポイントは1問1答にならないようにすることです。なるべく相手の発言を拾って、話を膨らませていくようにしましょう。

　また、顧客ヒアリングでは再現性のあるレベルで、具体的にヒアリングすることを意識してください。一例を挙げておきます。

あなた「弊社のどこが良いと思いますか」
お客様「寄り添ってくれるところです」
あなた「たとえば、どんなときに寄り添ってくれていると感じますか」
お客様「返信が早いです」
あなた「返信が早いんですね！ちなみに皆さんどのくらいで返答しているのでしょう」
お客様「うーん、日にもよるけど、どんなに遅くても6時間以内には確実に返信をもらえます」

　ここまで聞き出すことができたら、今後6時間以内のレスを徹底しよう、など、ほかのメンバーにも顧客満足度を上げるための方法を具体的に伝えられます。このくらい再現性がある具体的なヒアリングをすることがポイントです。多くの人が「寄り添ってくれる」や「返事が早い」で止まってしまいます。それよりも一歩、踏み込んでみてください。

⑦会話内容は許可をとって録音か、議事録係を1名用意する

　顧客ヒアリングでの会話は一言一句議事録に残すのがおすすめです。会話が残っていると、あとで読み返したときに話の文脈を正確に理解できるので、思い込みで顧客ヒアリングの内容から施策を考えてしまうことを防げます。せっかく顧客ヒアリングをしたのですから、思い込みではなく、お客様の声から仮説を立てましょう。私は顧客ヒアリングを実施したら、Googleドキュメントに書き起こしをして、再度読み返し、気付いたことがあったらコメントを入れています。

● 顧客ヒアリングで褒められたとき

　顧客ヒアリングではお客様が褒めてくださるケースも多くあります。そんなときは褒めていただいたポイントをなるべく具体的にします。

　たとえば「御社は寄り添ってくれるんです」と言われれば「どんなときに寄り添ってもらえていると感じますか？」「ほかの会社さんはそういった対応はしてくれないのですか？」「ほかに寄り添ってもらえていると思ったことはありますか？」など、1つの回答にいくつか質問を重ねましょう。

　また、お褒めの言葉をいただけるのは日頃から対応している担当者の努力の賜物なので、社内で気軽に投稿できるグループアドレスやグループチャットがあれば、「今日はAさんが担当している〇△株式会社さんをヒアリングしました。大変褒めておられました」とお客様の声と合わせて、共有してあげましょう。

　顧客ヒアリングでお褒めの言葉をいただいたときに、私はこのようにして社内チャットで共有していました。

> 昨日、お取引先の〇△株式会社さんの「〜〜〜」というメディア案件に顧客ヒアリングを行いまして、
> 嬉しい声をたくさんいただいたので共有します！
> 〇△株式会社さんは「〜〜〜」以外にもメディアがあり、
> 他メディアも弊社に任せてもらっています。
> 担当コンサルはAさんです！

> **お客さんからの声**
>
> - 以前お願いしていた発注先は、実装できない提案が多い。
>   御社は社内事情やリソースを汲み取った提案をしてくれる
> - 会社全体的に御社にお願いしている価値がある提案をしてくれる。
>   たとえば「スケジュール的にあそこのリリースとかぶりますけど、大丈夫ですか？」とか。
>   以前の発注先も、会社全体的に入っていたが、ここまで気のきいたコミュニケーションではなかった
> - 御社はサービスがかなり柔軟。価格の中でやることを調整してくれる
> ---
> 「御社の提案は社内事情を汲み取ってくれる！」は他案件でのヒアリングでも本当にしょっちゅう言われます！
> 「納品物のクオリティが高くて確認工数が減った！」も頻繁に言われます。
> 皆さん、いつもありがとうございます！

　社内で実際に共有したテキストを引用しているため、口語表現があることは読者の皆様には大目にみていただけますと幸いです。このように共有すると、顧客ヒアリングをしてもらってよかったな、と担当者も感じることができます。

● 顧客ヒアリングでクレームを受けたとき

　顧客ヒアリングでお叱りを受けてしまうこともあります。担当者とお客様は定期的に会う関係なのでクレームを入れにくいのですが、マーケティング担当者とは顧客ヒアリングでしか会うことがなく、しかもそのヒアリングは滅多にない（弊社では多くても1社辺り年に1回です）のですから、よく会う担当者よりヒアリングをしてきたマーケターに赤裸々に話したくなるのはよくわかります。基本的には感情的になって怒鳴り散らかすような人はいません。サービスや商品をよくするための顧客ヒアリングと伝えていますので、相手も感情的にはならずに、冷静に伝えてくださることが多いです。

　マーケティング担当者はここではしっかり聞き役に徹し「そんなことがあったんですね」「再発防止のため、もう少しくわしくお聞かせいただけますか」と相手を不愉快にしないようにしつつも、再発防止のためになるべく具体的に話を聞きましょう。また、こういう場面だとつい「申し訳ありません」と謝罪の言葉を口にし

てしまいたくなるのですが、私は社内の担当者に事実確認ができるまで謝罪はしない方が良いと考えています。理由は2つあります。

　1つ目は大抵の場合は社内の担当者がすでに謝罪や代替案を示して解決していることが多いからです。ここでまた謝罪して、お詫びにこうしますなどの話に発展すると、余計に話をややこしくしてしまいます。

　2つ目はお客様が捉えている事実しか確認できていないのにお客様の前で良い恰好をしようとするのは、お客様にも見透かされてしまい企業としての信頼を失ってしまう恐れがあるからです。そのため事実確認できるまでは軽い気持ちで謝罪してはいけません。「さようでございますか」「そのようなことがあったのですね」と聞き役に徹しましょう。

● 顧客ヒアリングが終わったら
　顧客ヒアリングが終わったらまずはお客様にお礼メールを送ります。

〇〇さま

お世話になっております。××株式会社の大澤です。

先ほどは顧客ヒアリングのお時間をいただき、ありがとうございました。
（具体的に聞けたことを記載）、大変勉強になりました。
（具体的に伺ったことを元に）〜〜できるよう取り組んでまいります。

また、今後も〇〇さまの良き相談相手となれるよう努めてまいりますので、
引き続きよろしくお願いいたします。

　お礼メールは日を空ける意味がありませんから、終わったらすぐに送りましょう。
　お礼メールを送った後は社内の担当者にホットトピックだけを選定して個別に共有します。たとえば、社内の担当者Aさんに顧客ヒアリングの結果を連絡するならばこのような形です。

Aさん、いま終わりました！

とても好評でした！せっかくのヒアリングの場なのでお褒めの言葉以外にも、よりこうしてほしいという点を私がお願いして引き出した感じですので、マイナスに捉えないでください。議事録は後ほど送付しますので、ホットトピックだけ取り急ぎ共有しますね。

▼気にしていた点

- GA4が気になっているそう。どのタイミングで移行すれば良いか悩んでいるみたいです。
- ゆくゆくは内製化したいという思いがありつつも、現在弊社が出している提案書は担当者にとっては難しく感じているそうです。可能であれば指示書にGoogleヘルプのURLや『ナイルのSEO相談室』の記事URLを貼ってあげるなど、毎回は難しくてもそうした用語のフォローがあると助かるようです。
- コンテンツ制作やSEOに関する勉強会をしてほしいそうです。
- 請求書や検収書の出し方を工夫してほしいそうです。現在は先方で処理に手間がかかっているそう。備考欄にXXXXXの記載ルールで記入してもらえると助かるとのことでした。他の会社さんはそうしてくれているらしいです。

　褒め言葉だけではなく先方が気にしていた点や改善を希望していた点を先に共有しましょう。そうすることで担当者がお客様のために動く心の準備ができ、電話や打ち合わせがあれば、気を利かせて確認できます。伝えるときはダメ出しだけにならないように必ずお客様からの感謝の言葉もセットで伝えましょう！

5-4 新商品にこだわる必要はない！

　私の勤め先にはワークマンファンのコンサルタントがいます。彼と一緒にワークマンのマーケティングを分析した記事を作成し、ワークマンさんにも許可をいただいて記事を公開したことがありました。

　そのとき、私はあることに気が付きました。ワークマンの靴が妊婦に人気だったのです。妊婦向けに新商材を開発したのかと思ったら、そうではありません。厨房従事者向けの靴が「すべりにくい」として妊婦の間で話題になり、売れたというのです。そのとき、新規商品を開発したわけではないが、切り口を変えればまるで新商品のように見えるのだと気付きました。

　ひとりマーケターもこれを参考にすることで、新商材をイチから作らなくても既存商材を新しい切り口で売ることができます。そこで参考になるのが、これまで説明してきた顧客ヒアリングです。顧客ヒアリングの議事録を読み返せば、自社のサービスにどんな特徴や、新たな切り口があるのか見つかるはずです。

● 筆者の具体例：SEO内製化サービス

　本章の冒頭で顧客ヒアリングを通して既存商品の見せ方を変え、お問い合わせを増やしたと記載しました。顧客ヒアリングと、ワークマン戦法を意識して見つけたのが「SEO内製化」です。ここでは新商品ではなく既存商品を新たな見せ方をするようになった経緯を具体例として記載します。

　顧客ヒアリングで数年前からSEO内製化支援を行っていたことが判明しました。顧客ヒアリングでは「内製化」という単語は出て来ませんでした。顧客ヒアリングでは先方の担当者が「御社のおかげでセッション数が大きく伸びて、セッション数が伸びるたびに編集者を採用しました。その編集者を育てるためのマニュアルを作成して、一緒に編集者育成をしてもらったんです。

　そのうち、自然と自分たちでSEOの分析や、記事制作ができるようになり、コンサルを卒業しました」と言われました。この「コンサルを卒業した」がキーワードでした。多くのコンサルティング企業では、コンサルの契約を更新して長く続けてもらうことがポイントです。しかし、弊社のコンサルタントはお客様が望むマー

ケティング体制の実現を支援し、体制が整ったところで契約終了していたのでした。当時、市場はマーケティング内製化のトレンドがあり、弊社は、顧客理解と提案の柔軟性を組み合わせて、内製化支援の事例を作ることができていました。

そこで、SEO内製化支援を弊社の目玉にすることで、問い合わせ増加を実現しようと考えました。中には内製化支援ができるSEO会社は御社しかいないと、電話1本で受注になったケースもあります。強力な価値とソリューションがあれば、ひとりマーケターでも新商材を開発することなく、問い合わせを増やすことが可能です。

実際の「SEO内製化」の例です。

株式会社スタディーハッカー様

お客様の声：コンテンツを増やすために、勉強系の検索流入を引ける記事を少しずつ作り、徐々に数字が伸びていきました。ナイルさんからは、どういう視点でキーワードを見るべきか、競合の記事をどう調査すれば良いか、記事構成案をどう固めるかなど、**運用ノウハウを共有いただいて本当に助かりました。**

ヒューレックス株式会社さま

お客様の声：10社ほどお声がけさせていただいて、最終的にナイルさん含め3社まで絞り込みました。**内製化を見据えた支援もできると聞き、ナイルさんならいろいろと力になってもらえそうだと、依頼をさせていただきました。**

　内製化の切り口が成功すると仮説をたててからは、ウェビナーも毎月1回、約1年間SEO内製化をテーマに話つづけました。

ホワイトペーパーも SEO 内製化に関するものを増やしました。

さらに、Google検索結果でも「SEO内製化」「インハウスSEO」で1位表示を狙い
にいきました。

- 顧客ヒアリングをしている場合、顧客ヒアリングの議事録を読み返し、自社がお客様から選ばれる理由を考える時間を確保しましょう。そのときキーワードになりそうな言葉を2つ、仮説で良いので書き出してください。
例）弊社の場合は「コンサルを卒業」「内製化」「知見を共有」などでした。

- 顧客ヒアリングをまだやったことがない場合、顧客ヒアリングしたい既存のお客様の企業名を挙げてみましょう。

✍ 経営目線を養うコラム

 ## ひとりマーケターは採用できるか？

あなたが、事業のマーケティング活動を担当するマネージャーとしてひとりマーケターを採用するか社内から抜擢する必要があるとしましょう。はたして採用と抜擢、どちらが良いのでしょうか。

● ひとりマーケターの採用は困難

結論から言うと、ひとりマーケターの採用は、経験者であれ未経験者であれ、難易度が高いと言わざるを得ません。

特にWeb/デジタルマーケターは、日本に2万人程度しかいないとされており、全労働人口の0.03％という稀有な存在です。必然、あらゆる企業が喉から手が出るほど欲しがるケースが多く、現時点でマーケティング機能のない企業が採用するのは難しいのです。

一方で、マーケター未経験者であれば、相対的に採用できる可能性は上がります。ただし、未経験者がマーケターとして活躍するまでにはハードルが多く、決して容易な道とは言えないでしょう。

あなたの会社の採用力が非常に高くマーケター経験者を採用できる場合を除き、ひとりマーケターは社内から抜擢をすることを私はおすすめします。

ひとりマーケターの社内からの抜擢は一見してマーケター未経験者の採用と成功率に違いがないように見えますが、社内抜擢の場合、「商品・サービスについて最初から熟知した人」であるという明確な優位性があります。

　ひとりマーケターがマーケティング活動をするには、その会社の商品・サービスを熟知していることは大前提です。未経験者採用の場合は、この「商品・サービス理解」と「マーケティングについての学習」を両立しなければなりません。

　その点、社内抜擢のひとりマーケターなら「マーケティングについての学習」に集中できるため、社内抜擢に比べて相対的に仕事の難易度が下がり、選任の成功率が上がることが期待されます。

　どこまでいっても人事は水物であり、明確な正解はありませんが、採用〜活躍までに横たわる変数をなるだけ減らし、人事の成功率を上げる努力を続ければ、高い確率で良い人材をひとりマーケターに専任できるはずです。

6章

プロモーション（啓蒙活動）
ノウハウも、費用もない！

ブランディングなどの活動に、
ひとりマーケターがどのように取り組めば良いか
ご提案します。

私がひとりマーケターに配属された当初、マーケティングといえばテレビCMや、広告運用のイメージが強かったのですが、当時の予算では到底優先度が上がりませんでした…。私は限られた予算を、基本的には「リソース確保に使うべき」と考えていたからです。費用は外注を活用したリソース確保にあて、プロモーションに近い活動のメールマガジン配信や、ウェビナー、戦略作成やどんな施策を実施するのか考える仕事を自分自身が行います。またBtoBのひとりマーケターには「プロモーション」というよりもSAVEの「啓蒙活動」のスタンスを取り入れることを推奨します。

6-1　本格的なプロモーションの優先度は下げる

　予算の限られたBtoBにおけるひとりマーケターにとって、広告はとくに注意したいものです。広告を打つ場合は目的を明確にしてから行いましょう。ちなみに私はひとりマーケター時代、リスティング広告を月3万円運用していただけでした。目的はコンバージョン獲得です。あとの費用はすべてツールか外注費にまわしていました。

　理由は広告だけにお金をかけるよりも、リソース確保にお金をかけた方が良いと考えたからです。なぜリソース確保も大切なのか。それは自分ひとりのリソースでできることがあまりにもすくないことと、広告運用だけに予算をすべて使った場合、もし広告をうまく運用できなかったら、成果が全くでないどころかどのチャネルが成果に近いのかを特定できないから。私の考え方を紹介します。

- 限られた予算は1つのチャネルにつぎ込まない。広告、インサイドセールス、SEO、ウェビナーなど可能な限りいくつかのチャネルを試し、最も効果的なものを2つ以上見つける。1つだけだと、そのチャネルが崩壊したときに、一気に未達になってしまうため。
- ひとりマーケターは思った以上に時間がない。そのため、一部外注して広告、インサイドセールス、SEO、ウェビナーなどの複数チャネルを運用する。
- 広告、ウェビナー、インサイドセールス、SEOなど、すべての施策で、100点満点にしようとしない。すべて30点ずつで良い。少しずつ50点、60点、70点にしていく（当時の私は焦っていましたが、各チャネル30点ずつでも少しずつ問い合わせは伸び、1つのチャネルが頓挫してもリカバリできました）。

● BtoBマーケティングにおける認知について

　ひとりマーケターで予算が月100万円に満たない場合は、広告やプロモーションをしなくても良いと考えている理由をお話します。

　BtoBマーケティングの場合、購入場面は限られていることが多いです。BtoCで単価の低い商材であれば「最近このゲーム流行ってるらしいなー（前から認知していて、ある日再度認知）。ダウンロードしてみるか（アクション）。ポチ」というイメージです。ほかの例を出すとコンビニなどで「友達が美味しいって言っていたなー（友達から聞いて以前から認知。お店で思い出す）。買ってみよう」という感じです。もしかするとテレビCMを見て「こんな商品出たんだ、Amazonで探してみよう」もあり得るかもしれません。

　一方、BtoBの場合は商品を認知してから購入のタイミングが来るまで間が空くことが多いです。たとえばSEOコンサルティングなら、サービスのことを認知していても「広告単価が上がってきたから広告以外のチャネルを強化しないと」というタイミングがくるまで購入検討にすら乗りません。さらに購入となると、契約書を交わすことになります。

　認知を強化してから、実際に成果である売上や問合せになるまで時間がかかるのです。ひとりマーケターにそんな時間の余裕はありません。認知は増えましたがまだ売上は増えていません、認知は増えましたがまだ問い合わせは増えていません、を繰り返しているうちに「成果が出てないね」ということでチームが終わりを迎えてしまいます。ひとりマーケターなので、人を1人異動させれば良いだけです。他のチームを解体するより簡単なことです。だから、**私はひとりマーケターが認知形成のためだけに広告を打つことはおすすめしていません。**コンバージョン獲得のための広告運用は推奨します。

● 広告で獲得するコンバージョンやお問い合わせについて

　ひとりマーケターの多くは、予算が多くありません。そのため、リスティング広告は手軽に1万円ほどの予算からはじめられるのでマーケティング未経験のひとりマーケターにもおすすめです。ひとりマーケターで、リスティング広告を打ったことや検討したことがない方のために、リスティング広告について少し解説します。知っている方は基本的で、一般的な話なので飛ばしてください。

まずリスティング広告には6つのメリットがあります。

メリット1　特定の検索をしている人に訴求できる

リスティング広告は、特定の検索をしている人に訴求できるのが大きなメリットです。そもそも検索エンジンで検索を行うユーザーは、「何らかの課題を解決したい」と考えて、自ら能動的に行動しているユーザーであると言えます。

そしてリスティング広告では、このようなユーザーに対して、課題解決の方法をピンポイントに提示することが可能です。その結果、ウェブサイト（ホームページ）へのアクセスや、商品購入などの成果を得やすいというメリットが生まれます。

メリット2　効率的に配信できる

キーワードを指定して効率的に配信できるという点も、リスティング広告の大きなメリットの1つです。リスティング広告は、ユーザーが検索に使うキーワードを指定して広告を配信できます。また、配信するターゲットユーザーの設定や配信時間も設定できます。そのため「商品やサービスにまったく興味のないユーザー」には配信されにくく、効率的な広告配信が可能です。

下記に配信例を挙げます。

例）スポーツ用品店がテニスシューズの広告を出す場合

```
「テニス シューズ」を検索キーワードとして指定
　→テニスシューズに関連する検索した人に広告を出すことが可能
```

広告が表示される可能性がある検索キーワード例

```
「テニス かっこいいシューズ」
「テニス おすすめ 靴」
「テニス 靴 セール」　など
```

※部分一致の場合

メリット3　即効性がある

　リスティング広告は、配信を開始したその日から検索結果の上部に表示させることもできるため、即効性があるといえます。配信を開始してから比較的早い段階で「アクセス数が増えた」「ウェブサイト経由で問い合わせが来た」といった効果を実感できるでしょう。

メリット4　開始・停止を自由に行える

　リスティング広告は、広告の配信開始・停止を自由に行えるという特徴があります。リスティング広告を登録し、初期設定を終えてしまえば、配信開始・配信停止は広告主の自由です。

　また、配信開始日や停止日をあらかじめ設定しておくこともできます。そのため、「セールのときだけ広告を配信する」という使い方も可能です。

メリット5　比較的低予算から出稿できる

　リスティング広告は、比較的低予算から出稿できるという点もメリットです。リスティング広告は最低出稿金額が設定されていません。そのため、1日1,000円からでも配信を行えます。※ただし、予算が少ないとデータがたまりにくく、分析・改善が難しくなります。一概に「少予算＝効率的」とは言い切れません。

　リスティング広告にかかる予算は、企業規模や取り扱う商品・サービスなどによってさまざまです。ただ、中小企業はおおむね1カ月5万円〜100万円程度の予算で運用していることが多いです。

　テレビCMなどのマス広告は、100万円以上の予算が必要なこともあります。一方でリスティング広告は、マス広告と比較すると低予算から出稿できます。金銭的な自由度が高いことは大きなメリットです。

メリット6　分析・改善がしやすい

　リスティング広告は、分析・改善がしやすいのもメリットの1つです。リスティング広告では、配信した広告の結果が配信後すぐに管理画面に表示されます。また管理画面で確認できる項目も多く、配信結果の分析・改善がしやすい傾向にあります。

広告の表示回数：広告が何回表示されたか
クリック数：広告が何回クリックされたか
クリック単価：1クリックあたりいくらかかったか
コンバージョン数：広告経由で「商品購入」「問い合わせ」などの成果が何回あったか

また「品質スコア」といって同じキーワードで広告出稿をしている、ほかの広告主と比較してあなたの作ったリスティング広告の品質の目安を表してくれるものがあります。品質スコアが高いと広告ランクが高くなり、より広告を露出しやすくなります。広告ランクとは一般的に品質スコアと、入札単価の掛け合わせで決まります。そのため、入札単価が低くても広告を少しでも多く表示させたい場合は品質スコアの改善を頑張る必要があります。

品質スコアは広告とランディングページの組み合わせがユーザーの検索意図を満たしたものになっているか、ユーザーがどのくらい広告をクリックしたのか、ランディングページが便利かどうかで測られています。品質スコアを上げるためにはランディングページの調整や、出稿するキーワードの調整が有効です。

リスティング広告はデメリットも存在します。リスティング広告のデメリットは下記です。

デメリット1　分析・改善を継続する必要がある
リスティング広告は、分析・改善を継続して行う必要があります。同じ広告をいつまでも配信していると効果が薄れてしまうためです。また、キーワードが検索される回数や、ユーザーのニーズなども日々変化します。広告の表示回数やクリック数から、ユーザーの動向を観察・分析することも必要です。

デメリット2
予算が少ないのにCPC単価が高いキーワードで出稿すると、分析・改善が難しい
予算が少なすぎる場合、分析・改善が難しいという点もデメリットです。リスティング広告は低予算からでも出稿可能ですが、あまりにも予算が少なかったり、

CPC単価が高いキーワードを狙って出稿したりすると、広告の配信量が少なくなってしまいます。そのうえ、クリック数も少ないので、分析できるほどの結果データが集まらず、改善がしづらくなってしまいます。

分析・改善しづらい例

配信状況
- 1カ月に1万円のみ使う設定でリスティング広告を配信
- 広告文Aを経由したコンバージョンが1件、広告文Bを経由したコンバージョンが1件
- 月の前半で予算の1万円を使い切って、配信が停止した
  ※コンバージョンを獲得するのにかかった金額は同じ

上記のような配信状況だと、改善すべき点がわかりづらい…
- 今後新たな広告文を作成する場合、Aに寄せるべき？ Bに寄せるべき？
- 月の後半にも広告を配信するべき？
- 広告文AとB、どちらをクリックしたユーザーを重視すべき？

　例のような配信だと、分析や改善が難しくなります。逆にある程度の配信を行えば、クリック数やコンバージョン数も多く集まると考えられるため、改善のヒントが見えやすくなります。

デメリット3　キーワードによってはクリック単価が高い

　キーワードによってはクリック単価が高く、予想以上に予算がかかってしまうという点も、デメリットの1つです。

　また次のようなキーワードに配信した場合、クリック単価が高くなってしまったり、効果が出にくくなってしまったりすることがあります。
- **検索量が多い**
- **多くの広告主が広告を出稿している**
  - たとえば、「電子レンジ」「冷蔵庫」など、1語のキーワードが該当します。これらの条件に当てはまるキーワードは、多くの広告主が配信を希望するた

め、オークションの仕組みで広告枠を売っているリスティング広告ではクリック単価が高くなってしまったり、ビッグキーワードはニーズがあいまいなこともあり成果が出にくかったりすることがあります。

この場合は、キーワードを「単語を2つ以上組み合わせたもの」にすることをおすすめします。キーワードは、2つ以上組み合わせることでニーズが細分化され、配信量やクリック単価も抑えられます。なお、単語を2つ以上組み合わせたものにすると、検索回数が減ってしまうため、広告の表示回数も減ってしまいます。検索回数が極端に少ないキーワードで広告を出しても、CVは見込めないので検索回数を確認しながらキーワードを調整しましょう。

また、この施策を行う場合はキーワードの細分化に合わせて広告設定も分けるのか、ランディングページもキーワードに合わせて複数ページ作成するのかを一緒に考えておきましょう。

ビッグワードの単価を下げる工夫：キーワードを2つ以上組み合わせる

△　「電子レンジ」→電子レンジについて調べたすべての人に広告が配信される

○　「電子レンジ 安い」→主に安い電子レンジを探している人に広告が配信される

◎　「電子レンジ 安い 一人暮らし」→主に一人暮らし向けの安い電子レンジを探している人に広告が配信される

デメリット4　避けられてしまう可能性がある
リスティング広告には「広告」という文字が表示されます。そのため、広告を嫌っているユーザーにはクリックされない可能性があります。クリックされないので費用発生はしませんが、コンバージョンも生まれません。

デメリット5　認知拡大には不向き
リスティング広告はあるキーワードで検索した人に対して表示される広告なので、テレビCMなどの広告と比べ、広く認知を目的とした広告ではありません。

デメリット6　思ったよりも作業工数がかかる

　リスティング広告は機械学習で最適化をしてくれるとはいえ、少なくとも私は「結構時間をかけて運用しないといけないんだな」と感じました。機械学習に任せ過ぎると、日本語としておかしい表記になっていることもあるためです。お金を入れて、キーワードを指定して、あとは放っておけば機械学習で最適化してくれる、とは考えない方が良いでしょう。CVを増やすためには表示されるキーワードの調整が重要です。機械学習任せにしてしまうと、CVはしないのにクリックだけがたくさん生まれる文章になってしまうことがありました。

　つづいては実際にリスティング広告を活用する場合に、効果を発揮しやすいシーンをまとめます。

①期間限定の商品やサービスを宣伝する場合

　期間限定の商品やサービスを宣伝する場合、リスティング広告は効果的です。リスティング広告では、配信開始時間と終了時間を設定できるため、余分な広告費を使う心配がありません。

　またGoogle広告では、期間限定の広告に合わせて使用できるオプションも用意されています。このオプションを使うことで、クリック率や成約率を高めることが可能です。これらの理由から、リスティング広告は期間限定の商品やサービスを宣伝する場合に向いています。

②即効性を求めている場合

　「すぐにでも問い合わせ確保をしたい！」と思っている場合、リスティング広告は効果的です。リスティング広告は設定したその日から配信することができます。さらに狙ったターゲットにピンポイントで広告を表示できるため、配信を開始したその日から問い合わせが来ることもあります。

　リスティング広告は、非常に大きな力を持つ集客方法の1つです。メリット・デメリットをしっかりと理解し、有効に活用していくことで、売上アップを狙っていきましょう。

● リスティング広告の始め方

　ひとりマーケターは予算が少なく、私のように広告運用未経験の場合はお金を溶かしてしまう怖さから月3万円ほどで広告運用すると思います。本格的に運用され

る場合は、書店で広告運用に特化した本を見ていただいてご自身が分かりやすいと感じるものを参照いただければと思います。本格的な広告運用の情報はほかの著者の方が詳しいためです。ここからは、月1～3万円の少額で運用するために最初に行ったことをお伝えします。

　詳細な設定方法はYouTubeなどで「リスティング広告　出し方」などで調べると動画を見ながら設定できます。そのため、ここではリスティング広告の詳細な設定の仕方はほかの書籍や情報に譲り、ひとりマーケターだからこそやっておきたいことを書いておきます。

　予算は3万円/月ほどで、リスティング広告未経験のひとりマーケターが運用する場合、最初の対応として多いのかなと思うのは自社の名前や自社サービス名で出稿することです。その場合、貴社の名前やサービス名で競合が広告を出していないかをまずは確認しましょう。

　たとえば、私がリフォーム案件が得意な「りんごリフォーム株式会社」を経営しているとします。「りんご　リフォーム」で検索をしたときに、広告で他社のリフォーム会社が出ていることがあります。「りんごリフォーム」と検索されたら広告を出してやろうと悪意をもっているパターンもありますが、悪気なく出てしまっていることもあります。

　これは規約違反ではないので、依頼しても広告を取り下げてもらえないこともありますが、広告費用を少しでも下げるために私が地道に行っていたのは、相手企業にダメ元で連絡をしてみることです。

　相手の企業に依頼するときには次のメール文面を参考にしてください。連絡先は広告を出している企業のコーポレートサイトなどにいけば、メールアドレスやお問い合わせフォームがあります。

　件名：出稿中の広告に関しまして

　はじめまして。りんごリフォームの山本と申します。
　お忙しい中恐れ入りますが、貴社が出稿している広告について依頼がございます。

> 「○×リフォーム」で検索したところ、貴社の広告が表示されております。
>
> 恐れ入りますが弊社の企業名を除外キーワードにしていただきますようお願い申し上げます。弊社も貴社名は除外対応いたします。

　また、ひとりマーケターが広告運用をする際に、注意事項が2つあります。繰り返しになりますが、1つ目は全額広告費に突っ込むのはNGということです。

　私はひとりマーケター時代、月3〜5万円ほどをリスティング広告に当てていました。貴重な予算の残りはリソース確保に回すことを考えていたからです。中には「まずは獲得！」と考えて、リスティング広告やFacebook広告を優先して回す方が良い、という考え方もあると思います。その考え方も正しいと思います。まずは広告で結果を出してから、その結果をわらしべ長者のようにして、さらなる予算を獲得するという考え方です。

　その場合はほぼ確実に広告で結果が出るとわかっている場合や、あなたに広告運用経験があって広告について学ぶ期間なしに適切な設定ができる場合おすすめです。たとえば、前職で広告運用の支援会社に勤めていてさまざまな企業の広告運用支援、広告設定の経験があり、広告の勘所がすでに掴めている場合や、身近に広告運用について具体的にアドバイスをくれる方がいる場合です。その場合は、広告に予算を振り切っても良いと思います。

　しかし、私のように広告未経験でひとりマーケターだと「広告運用を勉強している期間」が発生してしまいます。そうなると、その勉強時間に次々とお金を使ってしまう危険もあります。ですから、私のようなマーケティング未経験のマーケターは1つのチャネルに全額投入するのではなくて、費用の一部はほかのチャネルや、自分のリソースを空けることに使うことをおすすめします。

　広告は問い合わせ獲得に効果的な手法ですが、未経験者が実施すると何か作ったものが残るわけではないのに（クリエイティブ画像やLPは残るが、ほかで使いまわせるかはクリエイティブによりますね）、勉強期間に次々とお金を使ってしまうリスクがあるチャネルでもあるということです。

注意事項の2つ目は何度もしつこいようですが、1つのチャネルに依存しないことです。本当に気を付けてほしいんです（自分が失敗したので）。施策に優先度付けをした際に、すでに広告に予算をつっこんじゃいました、ではほかの施策を打つ余裕がなくなります。

　ひとりマーケターはお金でリソースを買う発想が大切なのに、リソースを買うお金を広告につぎ込んでしまっては、リソース不足でできる施策の数が限られてしまいます。

　広告にお金を使いすぎると広告施策だけのPDCAを回すことに偏ってしまいます。**ひとりマーケターはまず「どのチャネルに注力すればもっとも早く、わかりやすい結果を得られるのか」を見極めるのがおすすめです**。それが広告だとデータで証明できるなら問題ありません。それがまだわからないのであれば、他チャネルを試して比較しましょう。

　どのチャネルに注力すればもっと早く、わかりやすい結果を得られるのかを判断するには、やりたい施策や、着手しやすい施策だけに投資するのではなく、意図的に投資を分散することがおすすめです。

　広告に予算の3割、自然検索流入強化に予算の3割、メルマガに予算の2割、過去失注からの問い合わせ強化に予算の2割…といった感じです。広告以外のインサイドセールスや、SEO、メールマガジンからの掘り起こしでも良いので、もう1つ有望なチャネルを作る動きを必ずセットで行うことがおすすめです。

　最初は、問い合わせを獲得してくるチャネルは広告だけでも良いのですが、同時並行でもう1つのチャネルを必ず育ててください。私の場合はWebサイトを強化しつつ、第2のチャネルとしてインサイドセールスを強化しました。インサイドセールスが軌道に乗った後は、広報…と広げていきました。

　また最後になりますが、ひとりマーケターの予算で運用型広告の外注はほぼできないと考えましょう。私の知る限りでは月50万円以上の広告運用から、運用代行してくれる代理店が多いです。月3万円では運用を引き受けてもらえません。もし自分で広告運用するものの知識がなく不安な場合は週に1回1時間1万円など、スポットで広告運用にアドバイスをくれる方を見つけるのがおすすめです。

6-2 ナーチャリングはしなくても良い

　私は、BtoBマーケティングのナーチャリングで行き詰まったら一度ナーチャリングという考え方をスッパリと辞めて良いと考えています。

　リードナーチャリングは、見込み客に対して適切な情報提供を行うことで自社の製品・サービスの購入意欲を高めてもらい、将来的に契約へとつなげるマーケティング施策です。問い合わせや資料請求、名刺交換などで獲得した見込み顧客を顧客に育てる手法になります。

　BtoB、BtoCといったビジネスモデルによって、リードナーチャリングの考え方や見込み顧客へ提供すべき情報や手法は異なります。

　たとえば、BtoBの場合は一般的に導入担当者のほかに決裁者がいることがほとんどで、比較検討に時間を要したり、社内で稟議を申請したりする必要があります。そのため、各担当者を説得できる情報の提供を電話やメール、ホワイトペーパーなどで用意することが王道です。

　一方で、BtoCの場合は購入者＝利用者となることがほとんどです。スピーディに疑問点を解消するためにチャットボットを活用したり、SNSを使って情緒的なコミュニケーションをとったりする必要があります。

　リードナーチャリングが注目されている理由は、大きく2つあります。1つ目の理由は、インターネットの普及です。総務省の「令和3年版 情報通信白書｜インターネットの利用状況」によれば、日本の2020年のインターネット利用率（個人）は83.4％で13〜59歳の各年齢層で9割を上回る結果になっています。

　2つ目の理由は、購買プロセスの長期化・複雑化です。BtoBなど複数の関係者がかかわるサービスや、不動産などの高額な商材を即決するケースは多くありません。ほとんどの場合が、意思決定までに数カ月を要します。その間、見込み顧客およびその関係者はさまざまな商品・サービス、課題解決に役立つ情報収集を行うでしょう。その後、最終的な意思決定をするため、それぞれの見込み顧客が必要としている情報を適切に届けることこそ効果を生むきっかけになるからです。

さて、ここからは私の意見ですが、お客様はナーチャリングされたいのでしょうか？お客様はナーチャリングされたから貴社に問い合わせをしているのでしょうか？

おそらく違うと思います。これはあくまで私がひとりマーケターでBtoB業界において成果を出すために考えていることですので、読者の方でリードナーチャリングが上手くいった方とは対立した考え方になりますが、こうした考え方もあると思いながら読んでもらえると幸いです。

まずはBtoBの購買を思い出してください。たとえばウェブマーケティングコンサルティングなら、たとえサービスのことを認知していても、お客様が「今は展示会に出展できないからオフライン以外のチャネルを強化しないと」というタイミングが来るまで、ウェブマーケティングのコンサルティング商品は購入検討にすら乗りません。ほかにも人材会社なら「人が辞めたから相談しよう」というタイミングが来るまで、システムなら「そろそろこのシステム入れ替えないとなー」というタイミングが来るまで、どこかに問い合わせたり、情報収集したりしようという話にすらなりません。

そのタイミングを社外である我々が作り出すことはほとんど不可能に近いです。莫大な予算があれば世論を動かすようなメッセージ広告を作り、社会を動かすことはできるかもしれませんが、予算の小さいひとりマーケターがお金をかけるところではありません。

「啓蒙」とは、簡単に言えば困っている人に正しい知識を与え、正しい方向に導くことです。

釣りをイメージしていただければわかりやすいと思います。釣り初心者がルアーや釣り竿を集めて、釣り竿の振り方、餌の付け方、ルアーの使い方などを覚えたとします。実際の渓流釣りや海釣りに出たとき、うまく釣れないのは魚がいるスポットを知らなかったり、狙った魚が釣れる季節を知らなかったり、実践で得られるコツを知らないからです。

釣りのベテランに教えてもらう、啓蒙してもらうことはここに意味があります。実践で得たケーススタディは、実践で困っている人にとってはありがたいものなのです。魚を釣るというゴールに導いてもらえる頼りになる知識です。

これと同じで、BtoBサービスのお客様となりうる方は「広告以外に集客できるチャネルがほしい」「会計システムの導入や入れ替えをどうすすめたら良いかわからない」「採用・定着がうまくいかない」などさまざまなゴールを目指しています。しかも、そのゴールへの取り組みはその担当者にとって初めてのものになることもあるため、実践から得られるケーススタディは感謝されます。ゴールを達成するための正しい知識を与え、導いていくことが啓蒙活動です。これはお金を払ってくれているお客様に対してでなくても私たちができることです。

● 啓蒙がうまくいけば課題が顕在化したときに連絡をもらえる

課題が顕在化した状態のお客様は営業が商談せずとも、電話で受注できることもあります。課題が顕在化して、「本当に困ってるんです！ ○×株式会社さん、助けて」という問い合わせを確保するには、日頃からお客様を啓蒙し、社名を覚えておいてもらう必要があります。

ただ「○×株式会社」という社名を覚えているだけではダメです。ここが啓蒙のポイントです。啓蒙とは困っている人に正しい知識を与え、正しい方向に導くこと。つまり、この問い合わせになるまでにお客様が小さくても良いので○×株式会社から「正しい方向に導いてもらった」という経験をしているかが、課題が顕在化してから問い合わせしてくれるかどうかに関係します。

たとえば、会計システムの導入を検討している新人担当者が情報収集をしていて、りんご会計ソフトのウェビナーに参加したとします。そこで得た知識を上司に伝えると「それは良い情報だね」と褒められたとします。これで啓蒙が1つ進みました。後日、同じ担当者は会計システムの導入の際に、どんなフローがあるのか、導入フローの中で注意事項があるのかと気になり始めます。一般的な導入フローはどんなものなんだろう、と。そこで、りんご会計ソフトを思い出し、りんご会計ソフトのホワイトペーパーをダウンロードしたとします。その資料を自分なりに整理して、上司に提案します。自分自身も、会計ソフトの導入に置ける注意事項の理解が深まった、と実感できたとします。これでまた啓蒙が1つ進みました。

　実際には競合の情報発信にも触れているので、ここまでスムーズにはいきませんが、イメージとしては図のようなものです。啓蒙から問い合わせになるまでは2年以上かかる場合もあります。啓蒙活動を意識すれば、**直接関わらなくてもお客様の小さな成功をサポートすることができます**。これを地道に続けます。間違えてはいけないのがボランティアではないことです。売上につなげるために**「すでに獲得しているリードから、啓蒙していくこと」**が重要です。

　啓蒙には範囲があります。この範囲を3つに分けると、身近な誰か、少し遠い誰か、もっと遠い誰かです。

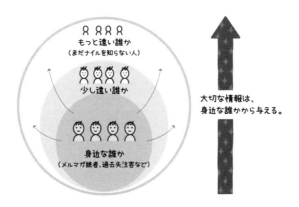

　このように、まずはすでにメールマガジン登録や、過去失注したので連絡先を知っている企業に対して知識提供をしていきましょう。

● ナーチャリングと啓蒙は何が異なるのか

ナーチャリングと啓蒙の差異は目的意識です。

ナーチャリングとは一般的には見込み客に対して適切な情報提供を行うことで自社の製品・サービスの購入意欲を高めてもらい、将来的に契約へとつなげるマーケティング施策です。

ユーザーの購買意欲を高めることをナーチャリングの目的とすれば、啓蒙の目的は困っているユーザーにタイミングよく連絡を取り続けることです。

これが私の考える啓蒙とナーチャリングの差異です。

私はBtoBサービスの場合はナーチャリングでお客様の購買意欲を高めることは難しいと考えています。そのため啓蒙では、購買意欲を高めることを目的とせず、困っているお客様に連絡をしつづけ、その中に「ちょうど今、購買検討していた」という方が見つかるというイメージです。

理想は「りんご会計ソフトに連絡しようと思っていたときに、りんご会計ソフトから連絡がきた」となることです。連絡しようと思っていたら連絡が来ることをシンクロニシティと呼ぶそうです。

お客様が連絡がほしいなと思っているときに連絡をするシンクロニシティ現象を起こすには、日頃から迷惑にならない程度に啓蒙に繋がる連絡をするか、お客様から「次回はこのタイミングで連絡ちょうだい」と言われたときに連絡をするかです。

読者の皆様の中に、ナーチャリングで購買意欲を高めないと！と思っていながらも、ナーチャリングからの問い合わせ転換が上手くいっていない方は、少し肩の荷をおろしてみてはいかがでしょうか。

- **問い合わせが来るのは先方のタイミング。あなたのナーチャリング施策が悪いからではありません**
- **そのタイミングは完璧には読めないので、啓蒙活動を通して常にお客様予備軍との接点を持っておき、タイミングを掴みやすいようにする**
  というイメージをもってみてください。

● 啓蒙活動では返報性の原理が働く

　MBさんというメンズ服のバイヤーで、執筆した書籍は100万部以上売れた作家がいます。彼がショップ店員時代に昨年の数倍の売上を立てたことがあり、その方法の1つが半年に1回「試着し放題」の日を設けたことだと、YouTubeで話していました。

　試着し放題なので、何着試着しても店員が「いかがですか〜」「それ流行りの色で〜」と営業をしてきません。だからお客様は好きなだけ試着できます。

　さらにお客様に「これ買いたいんですけど」と言われても「すみません、今日は試着日なのでレジ開けてないんです〜」と言って本当に1着も売らないのです。

　その結果、どうなったかと言うと、

- 服を買いたいけど接客が面倒なお客さんが試着日に来る（つまり今まで来ていなかった新規の人がお店に来る）
- 良い洋服があれば取り置きを指定されたり、後日買いに来たりする

　これは返報性の原理を使って、商品を購入までつなげていたのです。

　そこで「試着し放題」ならぬ「相談し放題」を弊社でもやってみようとひらめきました。それがメールマガジンでの丁寧なQ&Aでした。今は求められている情報そのものや、求められている情報の届け方が変わり、例ほど長文でQ&Aは実施していませんが、ウェビナーの回数を増やすなど別の方法で情報提供しています。

　私はお客様と直接話すので知っているのですが、SEOの界隈ではいまだに外部リンクを販売していたり、コンテンツ制作はどこまでこだわったら良いのか塩梅がわからなかったりして、お客様は情報の取捨選択が難しいのではないかな、と思っています。

　お金を出してくれる/くれないに関わらず、Web業界全体のイメージを良くするための一端を担わせていただくつもりで無償のQ&Aをすることにしました。これも啓蒙の一環です。何度も口酸っぱく書きますが、啓蒙とは困っている人に正しい知識を与え、正しい方向に導くこと。そのため、お客様がルール違反のWebマーケティングをしてしまわないように、だまされることのないように、お客様を正し

い方向に導けるような知識をメールマガジンやブログで無償公開しています。さらに、具体的な相談にも答えています。

「良い服があれば後日買いに来る」のと同じで、役立つ知識ならばGiveしまくれば、後日買いに来てくれます。

MBさんの例を参考に、私は一時期、メールマガジンでWebマーケティングに関する悩みにコンサルタントの監修をいれて無料で回答していました。質問と回答の例は次のようなものです。

質問：今すぐSEOの内製化は予定していませんが、社内で体制構築の秘訣
　　　など知りたいです。

● 回答
サイトの規模、タイプによって必要な人数やスキルセットは異なりますので、すべてのサイトに当てはまることをお伝えしたいと思います。

秘訣としては「最初からたくさんの人数を揃えない」という点にあるかと思います。

もちろん、本腰を入れてオウンドメディアを運用する場合など、最初から確実に人が必要な場合もありますが、
徐々にSEOに取り組んでいく場合は、「どの程度成果が出るのか？」「どの程度施策を行わないといけないのか？」という点が不明瞭であることが多く、まず3カ月ほど取り組んでみて、「どの程度の成果の見込みがありそうか？」「達成にどの程度人数がいるのか？」を算出しながら、メンバーを揃えるのがおすすめです。

また、成果の見込みがあることがわかったら、社内だけでなく、業務委託などを活用し、リソースを外注するのもおすすめです。
社内のメンバーを異動させる場合、それなりの時間がかかりますが、外注であればあっという間です。

そもそも初めてSEOに取り組むという場合は、SEOコンサルを導入し、アドバイスを受けながら内製化を進めると良いと思います。
SEOの取り組みの全体像が見えない中で、体制を構築するのは非常に難しいからです。

　このくらい丁寧に、一つひとつの質問にメールマガジンで答えていると、メールマガジンだと明記していても、メールマガジンにお礼の連絡や「メールマガジン配信者さん、Q&A見ました。営業さんとお話させてください」とお問い合わせがありました。啓蒙を目的にすることでメルマガの停止を可能な限り防ぎ、弊社からの連絡を常に受け取っていただけるようになり、開封率も向上しています。売り込みを目的にしたメルマガでは配信停止されていたでしょう。

　自社のノウハウを公開しても良いの？　と質問をいただくこともありますが、私は「社外秘の情報以外、公開しても全く問題ない」と答えています。理由は2つあり「返報性の原理」が働くことと、「競合が真似できるなら真似すれば良い」というスタンスをとっているからです。

6-3 | メルマガ作成ステップ

　ここからはメルマガについて解説します。メルマガは私がもっともおすすめする啓蒙施策です。

　メールマガジンは、基本的に同一の内容を連絡先のわかる顧客すべてに一斉配信することを指します。メルマガを作るときは次のようなステップを踏みます。

● STEP1　メルマガの目的を決める

　まずは、メルマガの目的を決めます。本文の内容は目的によって変わってきます。効果があり、質の高いメルマガにするためにも、まずは明確な目的を設定しましょう。目的設定の際に注意したいのは、「開封率」や「クリック率」などではなく、「そのメルマガ配信によってどのような効果を得たいのか」を決めることです。

たとえば、「メルマガから自社サイトへの流入を増加させる」「ウェビナーの申し込みを増やす」「新規問い合わせを増やす」などを目標にすると良いでしょう。また、可能な限り定量的な数値を設定できると良いでしょう。

弊社が運営するメルマガでは「問い合わせ数」「ウェビナー申込数」「資料ダウンロード数」「開封率」「リンクのクリック数」を目標や、確認項目にしています。

● STEP2 ターゲットを決める

ターゲットを決めずに作成されたメルマガは、本来のターゲットの興味や関心を引く内容にはなりにくいです。ターゲット像は、次のような要素を用いて詳しく分類しましょう。

- メルマガ登録の理由
- 興味のありそうなサービス
- 悩んでいそうなテーマ（BtoB サービスは社内交渉で多くの人が悩んでいるので、おすすめのテーマです）

ターゲットを詳しく分類することで、ターゲットの興味に訴えかける内容にできるでしょう。

● STEP3 メルマガに掲載するコンテンツのテーマを決める

メルマガの目的が決まったら、ユーザーに届ける情報を明確にしていきます。メルマガの内容には、たとえば次のようなカテゴリが挙げられます。

- 商品の案内告知
- コラム
- キャンペーン情報
- 関連サービスの紹介

カテゴリを決めた後は「具体的にどのコンテンツを掲載するか」まで決めて、Excel や Google スプレッドシートなどにまとめておきましょう。事前にテーマをストックしておくことで、配信を継続していく中でメルマガの内容に困ることが減ります。

メルマガのテーマが枯渇すると、配信頻度が乱れやすく、最悪の場合は施策自体が止まってしまうこともあります。そのため、事前にある程度掲載するコンテンツを決めておくのがおすすめです。

テーマに困ったら、その時々で話題になっていることを取り上げると良いでしょう。たとえば、GA廃止のニュースが出た場合には新しいGA4のアナウンスをしてみたり、クォーターや期初には異動や、目標設定などイベントが企業には必ずあるので、その企業イベントに関連する情報を流してみるなどです。

● STEP4　配信頻度を決める

メルマガ配信は、情報収集やそれらをまとめる時間が必要となるため、送る頻度をあらかじめ決めておくのがおすすめです。

メルマガに載せる情報やネタを十分に集めて、最初に決めた目的を達成できる配信頻度であるか確認します。ほかのマーケティング施策と同様に、メルマガも長期的に継続ができるよう、配信頻度を決めることが大切です。

初回は一度メルマガを作ってみて、かかる時間を確認してから配信頻度を決めると良いでしょう。ちなみに弊社のメルマガは週2〜3回のペースで配信していますが、その頻度でマイナスの影響は出ていません。

● STEP5　メルマガの本文を作成する

いよいよメルマガの本文を作成します。

次のポイントを押さえて、効果が出るメルマガを作成しましょう。

- 1メール1メッセージにする（複数のテーマを1つのメールにまとめない）
- 文章は長く書きすぎない（200〜300文字程度が目安）
- ファーストビューにCTA（誘導したいページへのリンク）を設置する
- CTAは「テキスト」や「URL」ではなく「ボタン」で設置する

また、本文が長すぎると閲覧率が下がる傾向にあるため、1メール1メッセージにとどめて、1番伝えたいことを確実に伝えられるように心がけましょう。

メルマガは隙間時間に閲覧されることが多いため、隅から隅まで読まれることはあまりありません。伝えたいことが複数ある場合は、メールを分けて送信するほうがベターです。弊社ではお悩み相談は長めに回答することもありますが、端的なお知らせのみのメルマガを送ることもあります。

● STEP6　メルマガのタイトル（件名）を決める

　メルマガの件名は、ユーザーがそのメルマガを開封するかどうかを左右する、重要なポイントです。件名は、メールが届いたときにユーザーが最初に目にする文章のため、メルマガの内容がわかりやすく伝わるものにしましょう。開封につながる件名にするには、次のようなポイントを押さえるのがコツです。

件名作成のコツ

- 30文字までが理想的
- 前半15文字以内に重要な内容をまとめる
- 本文を要約した内容を意識する
- 読み手にとってのメリットを具体的に提示する
- 期間限定のメリットがある場合は強調する
- インパクトのある単語や数字などを盛り込む

　受信メールの一覧を見た際に途中で切れてしまっている件名では、他のメルマガに埋もれてしまいやすくなります。コンパクトかつ印象に残るものになるよう、注意しましょう。

　また、受信メールの一覧は「名前」「件名」「冒頭文の一部」で構成されます。少しでも情報量を増やすために、キーワードの重複はなるべく避けましょう。

弊社メルマガの例

名前：ナイル青木（会社名＋送り主）

件名：【ためになる情報あります】SEOニュースまとめ 2022年2月〜
　　　2022年3月
　　　※弊社の場合は件名に【】を使うと開封率が上がる傾向にあります。

冒頭文：今月も2月〜3月までに発表されたSEOのニュースの中から、これは押さえたい！という重要なニュースを選定しました！
　　　　※冒頭文はメール一覧に表示されるため「こんにちは！○○です！」といった、同じ文体を続けないこと。

● STEP7　配信を実施する

　本文やタイトルが決まったら、配信を実施しましょう。配信日やリンク先の
URLにミスがないようダブルチェックの体制をとり、ヒューマンエラーを予防し
ましょう。メルマガは定期的に配信するものなので、担当者1人だけだと長い目で
見たときにミスが発生しやすくなります。

　「前回のメールをコピーしたため、リンク先が前回のままになっていた」といったこ
とはよくあるケースです。このようなミスを防ぐためにも、チェックを徹底しましょう。
ミスが起こりやすいポイントをチェック項目として挙げておくこともおすすめです。

● 配信の前に確認＆決めておくべき3つのポイント

　メルマガを作成して配信する前に確認しておくべきポイントや、決めるべき具体
的なポイントについて解説していきます。

ポイント1　メルマガの本文をテンプレート化しておく

　メルマガを効率的に作成するには、テンプレートの活用がおすすめです。テンプ
レートは、ユーザーの読みやすさや、理解のしやすさを重視したものにする必要が
あります。ダウンロード可能なHTMLメールのテンプレートもあるため、自由に
編集してメルマガ用のテンプレートを用意しましょう。

　ここで忘れないでおきたいのは、テンプレートは効果測定の結果に合わせて見直
す必要があるということです。反応の悪いテンプレートは、積極的に改善しましょう。

ポイント2　配信解除の方法を記載しておく

　メルマガの配信解除の方法をわかりやすく設定することは特定電子メール法で定
められています。この法律は、広告・宣伝のために送信する電子メールに該当する
法律です。配信解除の方法は忘れずに記載しましょう。

ポイント3　テスト配信で内容をチェックしておく

　実際に配信を行う前にテスト配信を実施して、どのようにメールが届くのかを確
認しておきましょう。

　この際、複数の端末でチェックすることが重要です。BtoBサービスのメルマガ
もパソコンからだけではなく、スマートフォンでメールを確認することがありま

す。パソコンとスマートフォン両方で、文章やレイアウトの崩れがないかチェックしましょう。

● メルマガ運用の５つのコツ

ここからは、メルマガの運用で意識しているコツを紹介します。

コツ1　継続して配信する

継続して配信することが何よりも大切です。続けて配信しないことには、メルマガの効果が出ているかどうかもわかりません。配信が止まってしまっては、読者が自社のことを想起する機会も失われてしまいます。継続して配信するために、次のような工夫を行いましょう。

継続して配信するコツ

- テンプレートを活用し、作成フローを短縮する
- ブレスト定例会議などを実施し、ネタをストックしておく
- メルマガの作成を予定に登録し、強制的に日常の仕事に組み込む
- 営業の会議に出席し、メルマガで書けそうなネタを見つける
- 過去に配信したものを再利用する

コツ2　効果測定を実施する

メルマガ配信後は、効果測定を行いましょう。そうすることで、次回の配信にあたっての目標も見えてきます。とくにチェックすべき項目は「メルマガの開封率」と「リンクのクリック率」の2つです。

この2つをチェックすることで、読み手の興味・関心の傾向がわかり、より効果的なメルマガにしていくことができるでしょう。また、長文のメルマガでは、途中にバナーや画像を挿入することがおすすめです。文章ばかりが続いていると、読み手も途中で飽きてしまう可能性があります。読んでいて飽きの来ない、テンポの良いメルマガを目指しましょう。

コツ3　読んでもらいやすい時間帯に配信する

　適切な時間に配信することも、なるべく多くの人にメルマガを読んでもらうためのポイントとなります。

　たとえば、企業やビジネスパーソン向けのメルマガであれば、朝のメールチェックが多い月曜日と休み前の金曜日は避けて、火曜日〜木曜日の出社時刻直後や、昼休憩終わりの時間帯に配信することが効果的と言われています。

　一般的には上記のように言われていますが、私は平日の10時〜18時の間で送っています。正直なところ時間はそこまで意識していません。それでもメルマガ経由で資料ダウンロードなどは生まれているので、あまり時間やタイミングにこだわらないで、手数を打っていきましょう。

コツ4　配信ルールに囚われすぎない

　「毎週水曜日の11時に配信しなければならない」「週に1回しか配信してはいけない」などメルマガ配信ルールを厳しくまもっている方もいらっしゃいます。それは大切なことではありますが、自社のペースで配信しているものであれば配信日は1営業日ずれることがあっても構いませんし、発信したいことがあって週に2回配信しても構いません。弊社では週に1回水曜日のお昼に配信を数年続けていましたが、このルールを辞めても開封率などにマイナスな影響はありませんでした。長年同じルールで配信していると、ついそのルールを守り続けたくなるものですが、メルマガは配信タイミングや内容などひとりマーケターが自由にコントロールできるものなので、いろいろ実験してみましょう。

コツ5　リスト別に配信する

　弊社ではメルマガは資料ダウンロードした方、ウェビナー参加した方、お問い合わせをしてくださった方に一斉配信しています。反応率を高めたい場合は、リストを整理して配信することも有効です。たとえば、ダウンロードした資料別にメルマガの配信内容を出し分けることです。サービス資料をダウンロードした方は、新サービスの案内メルマガでも開封されるでしょう。一方で業界の時事ネタ関連の資料をダウンロードしている場合は、業界情報の方が喜ばれるでしょう。

6-4 | ブランディングに対する考え方

　最後にプロモーションとは文脈がずれるかもしれませんがブランディングについて紹介します。あくまで予算年間1000万円以下のBtoBひとりマーケターとして私が考えていたことですが、私はブランディングについてはいくつも本を読んで、顧問ともディスカッションを重ねた結論として「ひとりマーケターがわざわざやる必要なし」としました。

　その理由や考えを記載していきますので、もしひとりマーケターで集客に専念しないといけないのに、周囲からブランドがどうと言われて困っている方は参考にしていただきたいです。逆にどんなに予算が少なくてもブランディングをしっかりやりたい方にとっては、ここは対立した考え方になってしまい、反論したい気持ちになると思うのですが、こうした意見もあるのだなと1つの意見として見守っていただけますと幸いです。

● **数字に向き合おう**

　とある方が「こういう活動（採用関連や、ブランディング）は数字で表すのが難しいんだ」と言っていました。私は「難しいのはわかりますが、数字でどう評価するか決めなければ、どうやって評価するのだろうか。難しいという言葉で逃げずに、どうにかして数字で測れそうな指標を見つけ出したり、考えたりするのが仕事ではないだろうか」と考えています。

　私が考えている「数字から逃げる」には2つあります。

　1つは上記のように「数字で表すことは難しいから」と数字で評価することから逃げることです。もう1つは「売上よりブランディングが大事だ」「ブランディングは長期的なものだから」などといった理由で、数字を作る仕事から逃げることです。

　「売上よりブランディングが大事だ」「ブランディングは長期的なものだから」などの理由で、数字を作る仕事から逃げるとは、長期的な活動を言い訳に目の前の電話1本、商談1本、問い合わせ導線の設置1つなどを避けてしまうことです。私も一応マーケターのはしくれなので、長期的な仕込みがないと、将来的に数字が足りなくなることは理解できます。しかし、目先の数字が作れないと、長期的なブランディング活動もできなくなってしまいます。

また弊社の顧問に長期的なブランディング活動や仕込みと、短期的な数字成果の活動の比率を聞いてみたところ、体感ではあるが3：7か2：8がちょうど良いのではないかとアドバイスをくれたことがありました。

　私もひとりマーケター時代の活動を振り返ってみると、最初のころは1：9で圧倒的に目先の数字を優先し、10％はせいぜい年間スケジュールを考える程度でした。4カ月〜半年ほどたって数字の手ごたえが掴めて来ると、長期的な視点の仕事と、短期で数字を作る仕事の割合は2：8くらいになりました。顧客ヒアリングなどをはじめる余裕がでてきたのです（本当は最初から2：8で、2割の部分で顧客ヒアリングはした方が良かったと思います）。

　また、**私は「会社が結果を出しに行く過程がブランディングになる」と考えています。結果を出すための過程で個性は露出し、磨かれます。この露出した個性、磨かれた個性を見て周囲は「この人はこんなキャラ」と認識します。これが企業に当てはめたところでのブランドだと私は考えています**。ですから、結果を出す前にブランディングを考えるのは私の考えでは順番が違います。まずは結果を出す。そのための方法や過程が、自社に合ったやり方や会社の社訓、社是などに合ったやり方なのかを考えます。たとえば、「資料ダウンロード数を増やすために、ホワイトペーパーを作る」としても、ホワイトペーパーの情報はとことん正しい情報にこだわるのか、正しさについては断りを入れた上でとにかくわかりやすい情報提供にこだわるのか、スタンスが異なります。このスタンスが個性となり、会社の特色を作っていきます。

　仕事の仕方にその企業の個性が宿り、それがブランドとなっていきます。そのため、仕事の仕方と結果にはこだわります。もしブランディング施策という言葉が出てきたら、どんなに難しいとしても、必ず数字で評価する仕組みを考えましょう。指標は間違えてしまっても良いし、指標は途中で変えても問題ありません。私も数字で評価しづらいものこそ、数字から逃げずに評価する努力をしています。

🖊 整理してみよう

- あなたの会社が、あなたの会社のお客様になりうる方に情報提供できること、お客様に伝えて感謝された情報は何でしょうか。業界の常識と思われるような些細なことでも良いので、3つ書き出してみましょう。

CPAだけでなく、再現性と拡張性を大切に（前半）

ひとりマーケターが年間500万円の広告予算を活用し、100本の商談アポイントを獲得して、そこから20件が成約した結果、4,000万円の売上になったとします。

このとき、商談獲得あたりのCPAは5万円・受注獲得あたりのCPAは25万円、売上に対する広告宣伝費の比率は12.5%となります。仮に、この成果が当初期待していた通りであったとして、次年度の広告予算は大幅に引き上げるべきでしょうか。

答えはNoです。この**マーケティング活動の再現性と拡張性を考慮した上で、今後の投資額については検討していくべき**だからです。

極端な例になりますが、この広告費の500万円のすべてがいわゆるリスティング広告に投資されていたとしましょう。本ビジネスの顧客候補の検索回数は限定的であり、これ以上投資した場合CPAが悪化してしまうリスクが高いケースにおいては、この広告運用の拡張性は低い、と言わざるを得ません。

また、今年度は幸運にもサービスがTVで何度か紹介されており、サービス名での検索回数が増えた関係でサービス名の指名検索での広告パフォーマンスが良化していたとします。実は、商談獲得の多くがこのサービス名の指名検索での広告出稿によってもたらされており、その他のキーワードではCPAが高騰しているという状態だったとしたら、この広告運用の再現性は低いと判断することとなります。

現実的には、年度が終わりに近づくまで上記のような状況を把握できないことは考えにくいですが、CPAという目標だけに目を向けすぎると「CPA目標は達成しているから来年度予算を増額しよう」という短絡的な判断につながりかねません。

成果を出している手法への投資配分を厚くすることは重要ですが、予算拡大を検討する際の再現性・拡張性についての議論の根拠となるようなデータを集

める＝投資を分散させて、いくつかのやり方をトライアルしておくことも忘れないようにしましょう（もちろん、現状の勝ちパターンだけでより大きな予算の使用にも十分に耐えられるなら話は別となることもありますが）。

マーケティング機能は、ひとりマーケターが転職したら崩壊するというような脆弱なものであってはなりません。最終的にはチームで広告をはじめとした一定規模の各種予算を運用しつつ、事業の成長に継続的に貢献できている状態を実現する必要があります。

常に目標としての数字だけでなく「この数字は再現性があるのか」「この施策は拡張性があるのか」を問いつづけながら実施施策を検討していくことを強くおすすめします。

● **予算提案の前に、所属企業の現状理解を**
今年度のマーケティング活動の成果が当初期待通りの水準であり、いくつかのトライアルの結果、今出せている成果の再現性や拡張性についてもじゅうぶんであるという結論が出たとしましょう。

その場合、次年度のマーケティング予算は増額を提案し、より体制を強固にしながら事業に貢献する施策を展開していけるのが理想です。

ただし、企業を構成するのはマーケティング機能だけではありません。所属企業の業績状況、財務状況によっては、新たな投資に対してシビアにならざるを得ないケースもありえます。ひとりよがりにならないよう、所属企業の現状や次年度以降の方針について把握をした上で、マーケティング活動に割くべき予算について提案していきましょう。

7章

プレイス（アクセス）
店舗もない、
展示会に出展するお金もない

リソースや費用に制限がある中で、
お問い合わせを増やすにはどんな施策が効果的でしょうか。
7章では私が行ったことを具体的に紹介します。

お客様が問い合わせをしやすいアクセスポイントを増やすことは非常に重要です。なぜならアクセスポイントが足りないとお客様は他社に問い合わせてしまうからです。

　次の図を見てください。ある人がりんご不動産（説明のための架空の不動産会社です）に問い合わせたいと思っていますが、りんご不動産のアクセスポイントが遠いので、**アクセスしやすい競合他社に問い合わせしようとしています**。

　りんご不動産のアクセスポイントがもっと多く、アクセスしやすい場所にあれば、りんご不動産に問い合わせできます。

アクセスポイントを増やすこと、お客様にアクセスポイントを適切に認識してもらうことは問い合わせ増加にダイレクトに響きます。ひとりマーケターにおすすめなのは、まずはWebのアクセスポイントを充実させることです。理由は展示会や、加盟店の開拓に時間を使える余裕がないことと、Webのアクセスポイントを増やすことは啓蒙活動と両立しやすいこと、そして**Webは日本全国どこからでもアクセスできるもの**だからです。

Web上に公開したコンテンツは削除しない限りは残り続け、使うことができます。Web広告のクリエイティブもデザイナーから著作権を譲渡してもらい、色違いを自分で作って簡単に複数のクリエイティブを試すことが可能です。

正しい方法を知れば準備の時間を比較的少なく、お客様が貴社にアクセスするポイントを増やすことができます。加えて、啓蒙活動にもつながる可能性があるので、Webのアクセスポイントを充実させることをおすすめしたいです。

7-1	基本的なことを実現すれば問い合わせは増える

ここからはWebのアクセスポイントを充実させる方法を紹介します。広告も有効な手法なので、費用の使いすぎには注意しつつ6章を参考に実施いただけますと幸いです。本章では指名検索、記事制作、インサイドセールス、ウェビナーについてお話します。

● 検索結果画面や、検索用語の説明

先にひとりマーケターになりたての方に向けて、検索結果の見方を説明します。わかる方は「指名検索対策の流れ」から読んでください。

Google検索は広告の下に、自然検索結果が表示されます。

Google検索結果　2022年7月時点

広告の下にあるのが自然検索結果です。この検索結果の画面では、「マーケティング・Web集客の依頼・相談ができるサイト」が1位ですね。

上部にある「広告」が6章で紹介するリスティング広告です。

● 指名検索とは

私はひとりマーケターのSEO対策は、指名検索を最適化することが最優先だと考えています。一般的な指名検索の説明と私の取り組みを紹介します。

指名検索とはサービス名や会社名などのキーワードを含む検索キーワードを指し、さまざまな種類があります。自社サービスや、企業名で指名検索を1位表示できているか確認してください。

参考URL：指名検索とは?対策が必要な理由や増やし方について解説 | ナイルのマーケティング相談室 https://www.seohacks.net/blog/6716/、閲覧日2022年8月27日

1.サービス名、会社名
例「ナイル株式会社」「ナイルのSEO相談室」
2.人名
例「山本花子」
3.型番
例「CF SV9」
4.過去の名称で検索しているケース
例「ヴォラーレ株式会社」（例「ヴォラーレ株式会社」（ナイル株式会社の旧社名））

1、2のオーソドックスな指名検索の対策はもちろんですが、3の型番なども非常に重要な指名検索になります。みなさんも製品を比較する際などに型番で検索することもあるかと思いますが、キーワードによっては型番での検索が多い場合があります。

4の過去の名称で検索しているユーザーへの対策は大切です。最近はGoogleも「次の検索結果を表示しています」という形で対応する場合もありますが、検索キーワードによってはそのままの検索結果になることもあるため、まずはGoogle Search Consoleで流入キーワードを確認してみましょう。

ナイルの旧社名ヴォラーレ株式会社の検索結果

Google　ヴォラーレ株式会社　　　　　　　　　　　　✕　🎤　🔍

🔍 すべて　📍 地図　🛒 ショッピング　📰 ニュース　🖼 画像　⋮ もっと見る　　ツール

約 1,210,000 件（0.52 秒）

https://nyle.co.jp ▾
ナイル株式会社［Nyle Inc.］
ナイルはデジタル革命で社会を良くする事業家集団として、社会に根付く事業作りを通じ、時
代を超えて人々の幸せに貢献します。
採用情報・事業紹介・企業情報

https://nyle.co.jp › company › about ▾
会社概要・アクセス－ナイル株式会社［Nyle Inc.］
VOLARE株式会社設立. 2008年 6月. オフィスを豊島区北大塚に拡張移転. 2010年 6月. デジタル
マーケティング事業を開始. 2011年 5月. **ヴォラーレ株式会社**に社名変更.

https://careerbaito.com › corporation › detail ▾
ナイル株式会社（旧：ヴォラーレ株式会社）の会社情報
ナイル株式会社(旧：**ヴォラーレ**株)は、独自のSEO技術とユーザビリティ改善ノウハウを強みと
した「Webコンサルティング事業」と、インターネットメディア ...

https://www.wantedly.com › companies › nyle ▾
ナイル株式会社の会社情報 - Wantedly
大学在学中に**ナイル株式会社**（旧**ヴォラーレ株式会社**）を設立し、代表取締役に就任。2010
年、SEOノウハウを強みにWebコンサ...さらに表示 ...

https://www.value-press.com › pressrelease ▾
ヴォラーレ株式会社、弊社インタビュー記事「東大発IT ...
ナイル株式会社のプレスリリース（2010年10月22日 16時）。**ヴォラーレ株式会社**. 弊社社長高

※上記のとおり、検索エンジンがうまく汲み取ってくれるときもありますので、いつも対策
　が必要という訳ではないです。
※Google検索結果　2022年7月時点

　指名検索対策ができないとどんな不都合があるのでしょうか。ここでは3つの
ケースを紹介します。

1. 他社（他人）が作成したコンテンツで判断される可能性

　ビジネス上重要であったり、流入数が狙えたりするキーワードは、自社の指名
キーワードだとしても、ほかのサイトがコンテンツを用意していることもありま
す。そうした場合は自社サイトが1位に表示されず、ユーザーがほかのサイトで情
報を見ることもありえます。その情報が「間違った情報」というわけではないです
が、自社の伝えたいものと違う場合もあります。

　また、自社サイトではなく他サイト経由での商品購入などの、売上に影響が出る
場合もあります。販売代行やパートナーなどで自社より検索結果が上位の場合は、
ユーザーからすると違いがわからずに、そのままそこで購入ということも十分に考
えられますね。

2. そのキーワードで検索順位が1位なものの、内容が最適でないケース

指名検索は適切なページがない場合でも、サイト内の関連するページが1位に表示されることがあります。

1位は1位で良いのですが、ユーザーが求めていない情報の場合などは、遷移しても満足せずに直帰してしまうということもあります。また、放っておいて、他社からより適切なコンテンツが出た際に、順位が下がるということも考えられます。

3. 指名検索に対応するページのCVRは一般的にほかのページよりも高い

指名検索で対応するページは、多くはTOPページやサービス、製品を紹介するページが多いです。そういったページは、記事ページなどの他コンテンツに比べると一般的にCVにつながりやすい傾向にあります。たとえば、弊社のサービスサイト「SEO相談室」では、**ブログページに比べTOPページのCVRは10倍ほど高くなっています**。

これはそのサービス、製品に比較的興味があることや、申し込みなどの導線が設けられていることが影響していますが、そういったページで流入を取りこぼすのはビジネス上でマイナスになることがわかると思います。

3つほど並べましたが、結局のところ指名検索を対策しない一番の問題は「機会損失」にあります。冒頭でも書きましたが、興味をもってくれたユーザーに情報を提示できないのは損でしかありません。

● 指名検索の対策の流れ

通常のSEO対策とそう変わりはありません。まずは一般的な確認を1〜3で紹介します。

1. どんなキーワードで検索されているか（されうるか）確認

ポイントは「指名検索は必ずしも正式表記ではない」ということです。たとえば、「Nサービス」というサービスを運用していたとして、指名検索を考える際にまず「Nサービスの掛け合わせキーワードを対策しよう」と考えるでしょう。しかし、実際には「ナイルサービス」と検索しているユーザーや「Mサービス」と間違って検索している場合もあるかもしれません。

対策するキーワード自体はGoogle Search Consoleを使って流入キーワードを確認したり、場合によってはサジェストキーワードの確認で一気に出せたりするので、その分の掛け合わせの根幹になるようなキーワード部分をしっかりと調査してみてください。

また「ラッコキーワード」で検索すると、次のようなサイトに飛ぶことができます。

出典：ラッコキーワード｜無料のキーワード分析ツール（サジェスト・共起語・月間検索数など）、https://related-keywords.com/、閲覧日2022年10月7日

これで、自社の名前で検索してみると掛け合わせキーワードを一覧で見つけられます。

念のため、打ち間違いや過去の名称でも、掛け合わせキーワードを調べておきましょう。

2. そのキーワードのランディング状況を確認

指名検索のキーワードの選定が完了したら、そのキーワードでの自社サイトの順位を確認してみてください。指名検索なのですべてのキーワードで1位が理想ですが、そうでない場合もあります。その場合は、**必ず1位を目指して施策を打ちましょう**。内部リンクを集める、ページの内容（文章や写真）を見やすくする、サイト表示速度を早くするなど、できることはたくさんあります。

また、1位を取れていても、「本当にそのページが表示されて問題ないか」を確認してみてください。「遷移後のCVを意識すると、このページではなく別のページが1位の方がCVされそうだ…」ということがあるはずです。

たとえば「りんご建設　サービス」と調べているのに、料金表ではなく事例記事で社員ではない人が「りんご建設のサービスは〜〜〜で、」などサービスを使った感想の記事が出てきているともったいないです。サービスページに入ればサービスの概要を理解して、すぐに問い合わせてくれるケースもあります。記事をだらだら読んで問い合わせに至らなかったらもったいないので、「この検索キーワードで1位になっているのはこのページで良いのだろうか？」と一度考えてみてください。

3. 適切な対策

キーワードに対応するページがない場合は、ページの作成を検討してください。リソース的に難しい場合は、類似ページにコンテンツ追加などで対応を考えてみましょう。また、コンテンツはあるのに…という場合は、titleタグのチューニングを検討してみてください。

ここまでは、一般的なSEO対策とそう変わりませんが、次の4〜6のような場合もあります。

4. 検索結果の最適化

　特定のキーワードで1位に表示されていたとしても「本当はこのページではなくて、ほかのページを表示させたい」とか「このページは表示させたくない」などというケースもあるでしょう。指名検索に限った話ではありませんが、指名検索はとくに多い印象です。完璧に表示させるページを操作することはできませんが、noindex を使用したり、重要ページに内部リンクを集めたりと手は打てます。

5. サイトリンクの最適化

　サイトリンクとは検索結果の下部に表示されるリンクのことで、主にそのページ内のグローバルナビゲーションなどに設定されている重要なページへリンクが表示されます。意図しないものが表示されることが多々ありますが、これも操作することはできません。主要な対策としては、次の2つの手法があります。

- ページ上部やグローバルナビゲーションに設置するリンクに、サイトリンクに表示させたいリンクを含める
- リンクのアンカーテキストに、表示させたいキーワードを含む

6. 効果測定

　1〜5のような対策を行ったら、効果測定をしてください。測定期間は施策にもよりますが、指名検索の場合は「ターゲットキーワードの順位」「CTR」「CV数」「狙ったページが表示されているか」などを効果測定の対象とすると良いです。「CV数」に関してはそのページへ自然検索ランディング時の数値で測定すると効果がわかりやすいです。

● 指名検索では1位、お悩み検索では1ページ以内表示を死守せよ

　私でも100％できているのかと言われれば、まだ努力している部分もあります。しかし、指名検索では1位、お悩み検索では1ページ以内表示は必ず守りたいところです。

　Webは万人がアクセスできるものです。その中で名指しでわざわざ検索しているということは、貴社へのアクセスポイントをお客様が探している状況です。ここを整備しない手はありません。また、お悩み系の検索キーワードもお客様が「こんな悩みを解決してくれるところはどこだろう」とアクセスポイントを探しています。

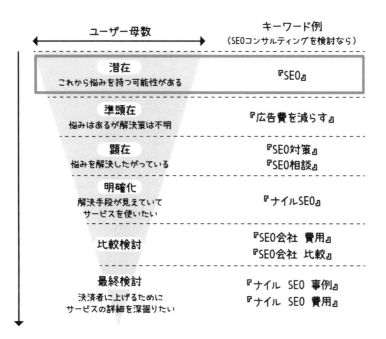

　多くの人は図中の潜在にあたるビッグキーワードで1位を取ることが最も大切で、問い合わせが増えると考えています。「SEO」と検索している人の中には、SEOを相談したい人ではなく、これからアフィリエイトを始めたい人、単純にSEOの言葉の意味を知りたい人などが含まれています。

　そのため、このキーワードで1位を取っても流入する人の中にノイズが多く紛れすぎています。「SEO　対策」「SEO　相談」で調べる人は、ほぼ明確にSEOで悩みを抱えていて、だれかに相談しようとしています。

　そのため、少ない労力で問い合わせを増やす観点で考えれば「SEO」より「SEO　相談」で1位をとることも優先度は高いのです。さらに、ビッグキーワードで1位をとるのには本当に骨の折れるくらいSEO対策をしていく必要がありますが、複合キーワードならば1位は狙っていきやすいです。

サービスページや、サービスサイトのTOPページ例
ナイルのSEOコンサルサービス

記事ページが上位表示されても良いのですが「〇〇　相談」や指名検索の場合は
記事ページが上位表示されているのは少しもったいないです。

記事ページ

- コピらん
- Google Search Console

キーワード調査に関するツールの詳細は、下記の記事もご覧ください。

この記事もチェック

→ おすすめSEO分析、キーワード調査ツール16選！コンサルタントが活用法を解説

「ユーザーと向き合う」ことが自分でできる最初のSEO対策

Googleの検索エンジンは、ホームページのコンテンツ（サイトの内容）を重視しています。

本記事では、自分でも始められるSEO対策の基本的なポイントを紹介しました。高品質なコンテンツを作らないためにも、「ユーザーと向き合うコンテンツSEO」を中心とした取り組みが大切です。

KEYWORD RESEARCH　　COPY OPTIMIZATION　　CONTENT PLAN

また、自分でSEO対策をしたいウェブ担当者様向けに、企業や団体ウェブサイト向けのSEOノウハウ資料（無料）をご用意しております。

- SEO成功事例・法則資料
- SEO1問1答 全30問
- SEO内製化（インハウスSEO）進め方ロードマップ

の3テーマの資料をまとめており、自分でSEO対策をする際に役立ちます。

情報収集中の担当者様も、お気軽に以下のバナーをクリックして、ダウンロードフォームより資料をお申し込みください。

■■ 関連記事

モバイル（スマホ）用のURLが別に存在する場合にやるべき3つのSEO対策

サイトのメンテナンス時などはステータスコード503を使用しましょう

確実に成果を出すためのSEOの方程式

■■ 新着記事

ホワイトペーパーを活用する5つのメリット

GA4導入状況に関するアンケート調査【2022年7月実施】

SEO対策は意味がないって本当？成果が出ない原因と成功ポイントを解説

記事ページは一般的にCVする確率が低いです。指名検索や、「〇〇　相談」で調べているような問い合わせへのアクセスポイントを探しているお客様はホットな状態です。そのため、記事ページよりもなるべく問い合わせをしやすいTOPページなどが表示された方がお客様も問い合わせしやすく、ひとりマーケターも1件でも問い合わせを増やせて嬉しいのです。

● 検索で入ってきたお客様にCVしてもらうコツ

　指名検索対策をして自社サイトにお客様が来てくれたあと、いかにCVさせるのかも大切です。CVを獲得するために私が行ったことも紹介します。1つ目はTOPに必ずCTAを置くことです。Googleアナリティクスなどで分析してみるとよくわかりますが、コンバージョンの半分以上がTOPページから直行でフォームに遷移しています。

　弊社のもともとのサービスページではTOPのヘッダーに問い合わせがあるだけで、TOPにわかりやすいCTAを置いていませんでした。

　そこで着任後、このようなトップページに変更しました。

旧TOPページのファーストビュー

新TOPページのファーストビュー

　ブログ記事内のバナーの整備や、ホワイトペーパーの追加も資料ダウンロードの増加に寄与していますが、TOPページにわかりやすいCTAを置くことでCV数が増加しました。2019年は1年で44件の資料ダウンロード数でしたが、2020年6月にCTAを設置後、2020年7月単月で資料ダウンロード数が49件となりました。

● 問い合わせハードルを下げる

　2つ目は問い合わせハードルを下げることです。とくに問い合わせフォームならば、お客様に聞かなくても良いことを自分たちの業務効率化のために聞いていないか？　ということは意識しています。

　BtoBのWebサイトではコンバージョンというと、問い合わせ、無料デモの申し込み、資料ダウンロードやセミナー申し込みを指すことが多いです。これらのうち、無料デモの申し込み、資料ダウンロード数、セミナー申し込みはサイトにやってきた個人の意思で申し込めるので、セッションを伸ばしたり、導線改善によってコンバージョンが伸びやすかったりします。

一方、お問い合わせになるとそのハードルは上がりがちです。予算や、導入予定時期などをお問い合わせフォームで質問するとなかなかお問い合せが完了しません。

理由は簡単で、**予算や導入時期は自分一人で決められないからです**。ものによっては相談内容すら自分で書けないこともあるでしょう。具体的な金額や、導入希望次期は担当者の一存で決められるものではありません。金額や時期は上司やチームメイトと相談しないと決められないですよね。これでBtoBのサイトでは「予算」も「導入時期」も完璧にまとまった状態のお問い合わせが、ガツンと増えることはないのだとわかると思います。

BtoBマーケティングの場合、担当者クラスが自分の意思で問い合わせできるコンバージョンを用意することがとにかく重要です。これが問い合わせハードルを下げる、ということです。担当者がアクセスしやすいようにしてあげるのです。

担当者クラスが自分でコンバージョンしやすいフォームは以下のようなものです。
- **企業名**
- **氏名**
- **電話番号**
- **メールアドレス**
- **簡単なアンケート1問のみ**

担当者クラスが自分でコンバージョンしにくいフォームは以下のようなものです。
- **企業名**
- **氏名**
- **電話番号**
- **メールアドレス**
- **予算→上司や先輩、チームに相談しないと決められないので、その場で問い合わせしにくい**
- **導入希望次期→上司や先輩、チームに相談しないと決められないので、その場で問い合わせしにくい**
- **相談背景→どこまで開示して良いのか相談しないと決められないので、その場で問い合わせしにくい**

社内に確認しないとCVできない障害になってしまうものを置かないことが重要です。アクセスしようとしている人に、アクセスしにくいものを置かない、ということです。

ここからは記事制作の一般的な説明と、私がひとりマーケター時代に記事制作に関して行っていたこと、考えていたことをご紹介します。

7-2 記事制作は完璧を目指さない。できるところまでやる

こちらでは具体的なステップで、ひとりマーケターがどのように記事制作をはじめていけば良いのかお伝えします。

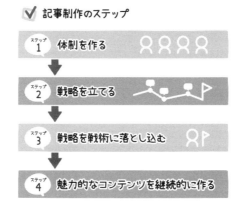

☑ 記事制作のステップ

- ステップ1 体制を作る
- ステップ2 戦略を立てる
- ステップ3 戦略を戦術に落とし込む
- ステップ4 魅力的なコンテンツを継続的に作る

●【ステップ1】 体制を作る

ライターは編集者の知人に紹介してもらったり、ライティング専門の会社を見つけたり、SNSでライターを検索して見つけました。SNSでライターを見つける場合は、過去担当記事やブログをプロフィールに貼っている方にしましょう。過去の担当記事やブログを見て、自社の期待する内容が書けそうな方であれば連絡してみましょう。自社に合った依頼先を見つけるポイントは、最初は3本ずつバラバラに複数人へ依頼して、納期までに出してくれるか、丁寧にコミュニケーションをとってくれるのかを審査することです。納期が遅れるのに事前連絡がないなどは論外です。

外注したら仕事の進め方（連絡をくれるか、スケジュールを守ってくれるか）と、記事の出来栄えを見てください。納品記事のクオリティが低い場合、あなたの伝え方が悪い場合もあります。同じ伝え方でも、Aさんはやっつけ仕事だけどBさんは丁寧に仕事してくれていると成果物を見ればわかります。たとえ納品物のクオリティは低くても、Bさんのような方なら丁寧に心をこめてフィードバックしていけば理解して、良いライターになってくれます。**ポイントは「良いライターを見つけてやろう」と思うのではなくて、「良いライターになってくださる方を見つけよう」と思って接することです。**

また、ひとりマーケターの間は依頼するライターの人数は少ない方が良いです。人数が多くなるほど、請求処理や指示出しなど仕事が増えるからです。

さらに、画像作成も大変です。おすすめはPIXTAなどの月額数千円で画像ダウンロードできるところや、月額無料で商標フリーのサイトを登録し、法務にも記事で使用して良いか確認した上で、その画像を使っていくことです。1枚1枚図解するのは手間暇がかかりすぎますよね。

一方で、画像での解説がないとどうしてもわかりにくい記事もありますよね。そんな場合は図解資料を作る必要があります。これも外注できます。おすすめは次の2つです。

① **贔屓にするデザイナーを一人で良いので見つける。数名、人づての紹介で発注し、スケジュール・進行状況の報告がなるべくマメな方を見つける**
② **「デザイン　外注」「アイキャッチ　外注」などで検索すれば、フリーランスのデザイナーを抱えている企業がたくさん出てくるので、そのような会社に見積もりをとり、3人ほどに頼んで、スケジュール・進行状況の報告がなるべくマメな方を見つける**

自社に合う人や、スケジュール・進行状況の報告がマメな方を見つけたら、あとはその人にお願いしていきましょう。担当者を変えると都度、会社の方向性や、フォルダ格納ルールなどを教えないといけないので面倒です。ですので、なるべく長く付き合える人を見つけてください。

最後にデザイナー選定・デザイナーへの依頼で2点補足したいことがあります。

1つ目：納期を守ってくれる人をデザイナーの絶対条件にはしないこと。デザイナーとのコミュニケーションに慣れていないひとりマーケターの場合、こちらの依頼が二転三転してしまい、納期に間に合わないことがあります。納期を破って良いわけではありませんが、納期を守ってくれることを最優先にすると、仕上がりが納得のいかないものでも受け入れることになってしまう可能性があります。

2つ目：依頼はPinterestなどで、なるべくサンプル画像を見せるようにしましょう。言葉だけの説明では相手もイメージがしづらいです。一回の依頼でイメージ通りの納品をしてもらうために、完成イメージに近い参考になるバナー画像などは依頼と一緒におくりましょう。

● 【ステップ2】 戦略を立てる
戦略を立てるにあたっては、次の2つのポイントについて考えておくと良いでしょう。

ペルソナ設計
ペルソナとは、「F1層」「30代会社員男性」のような分類ではなく、具体的な人物のプロフィールや思考・行動特性を書き出したユーザー像のことです。

ユーザーはどのような人で、何を考えているのかを正しく把握することからマーケティングは始まります。ペルソナを設定することで、リアルなターゲットユーザーがイメージできるようになるでしょう。

ひとりマーケターの場合、ペルソナは丁寧に資料にする必要はありません。

あなたが外注先や関係者にどんな人が読者なのかを口頭説明できれば大丈夫です。**私がやっていたのは、とにかくインサイドセールスで自ら電話をかけて、商談にも出て、顧客ヒアリングでお客様と話して、A社の青山さん、など具体的なペルソナを頭の中に作ってしまうことでした。** こうするとペルソナがずれることも、忘れることもありません。

納品された記事や、デザインにフィードバックするときも、A社の青山さんはこの記事を見て正しく理解できるだろうか、A社の青山さんはこの記事を同僚や上司に見せるだろうか、と考えます。

また、記事の企画でもＡ社の青山さんは〜〜に困っていたな、〜〜に関する資料を作ろう、とアイデアにつながります。

「Ａ社の青山さん」など個人を明確に思い浮かべてペルソナにする

競合調査

記事制作する場合は、事前に競合がどういった情報発信をしており、ユーザーにどのように受け入れられているのかを調査する必要があります。

ひとりマーケターの場合、競合調査も無理する必要はありません。競合調査は、実は予算獲得のためにやったきりで、あとは記事を作るときに「競合はこんな記事を書いているんだ」「上位表示されている記事はこんな内容なんだ」と参考にした程度です。ひとりマーケターをしながら感じたこととしては、**あんまり外部の目や動きを気にすると時間がなくなりすぎるということです。ですから競合調査はほどほどにして、自分の時間はお客様に会ってアイデアを出すこと、外注先に指示することに使っていました。**

予算獲得のために行った競合調査は、上司とどんなメディアを目指すのかすり合わせをするためのものです。上司の時間を30分〜1時間もらい、あなたの方では事前に次の項目をまとめておきましょう。

事前にまとめておくこと

- あなたが思う理想のメディアのメディアを調べる。3〜5個程度
- なぜ理想なのかを言語化する
  - 記事の内容？
  - セッション数？（Ahrefsというサードパーティーツールを使うと、サイトのおおよそのセッション数や流入キーワードを調べることができます）
  - 流入キーワード？

- 記事がCV貢献しそうかを考える
  - 資料ダウンロードのコンバージョン率を0.2%、0.4%の2パターンくらいでひいておき、セッション数がどのくらいだと、月に何件ダウンロードしてもらえるのかアテを付けましょう。
  - ダウンロード者のうち、20％が問い合わせになると仮定してみましょう。30件の資料ダウンロード×20%=6件が問い合わせになる計算です。
  - 1記事あたりの制作単価をライターや編集会社に確認して見積もりをとっておきましょう

　目指すメディアの方向性が決まっていれば、具体的に必要な記事の本数や、記事の内容、お金の使い方を考えやすくなります。

　たとえば、理想のメディアが100本の記事を公開しているとします。あなたのメディアは10本です。差分は90本です。1本5万円で記事をつくったとして、450万円かかります。予算を超えてしまうと思うので、月に10本公開し、半年後にセッション数が1万セッションを超えたら月15本作成の予算に増やす、などの条件を握っておきましょう。

●【ステップ3】　戦略を戦術に落とし込む

　ここでの「戦術」とは何本記事をつくるのかのアテをつけることを指します。そのためには1記事あたりのセッション数を仮で考えてみましょう。これは自分が考えるためのものなので、外れてしまっても問題ありません。セッション数はたしかに読みにくいのですが、読みにくいものでも計画しておくことには意味があります。**計画がないと流されるだけですが、計画があれば流れに合わせて計画を「修正」できます。**

　たとえば、1記事100セッション/月として、1年後にメディア全体で1万セッションを目指すために10カ月で100記事作ろうと決めたとします。しかし、実際は90セッションだった場合、前倒しで記事制作をしないといけません。ライターへの発注、デザイナーへの発注など、すべてのスケジュールの調整をすぐに行えます。セッション数の読みは外れても良いので、計画とスケジュールをつくっておいて、徐々に現実にそぐわせるようにしてください。**「すべてわかってから計画を立てます」ではひとりマーケタの動きとしては遅くなってしまいます。**

ひとりマーケターの場合、こうして立てたセッション数の読みをKPIとして扱います。たとえばここでは、

・1記事100セッション
・10カ月で100記事作成
　がKPIです。

　これらのKPIを達成することによって、資料ダウンロード数の増加、問い合わせの増加、売上の増加を果たします。

●【ステップ4】　魅力的なコンテンツを継続的に作る

　つづいては、ようやく記事制作です！
　記事を作るには最初に記事の要件書と記事の管理表を用意します。私は次のように行っています。

記事要件作成

　当時弊社にいた編集者でT林さんという方は、私が最初に正式にチームに入れた社員の一人です。編集チームから異動してもらいました。異動してもらう前から、記事の制作については何度か相談させていただき、その際に次の図のようになるべく細かくライターに記事の内容を指示することをすすめてもらいました。

No.	検索キーワード	検索VOL	現在順位	記事テーマ	リライト対象記事	記事概要	想定される言及項目 ※内容を制限するものではありません ※参考は、パラグラフ単位で内容を構成する際の参考
1	Google SEO	2400	14	GoogleのSEO対策！まずやっておきたい5つのこと		Googleが発表しているガイドラインの内容、それをSEO施策でどのように実行するのかを説明する	リード　300文字 ■GoogleのSEO対策で必ず目を通したい3つのもの └Googleのガイドライン ・Googleは「ウェブマスター向けガイドライン」（※ ・「ウェブマスター向けガイドライン」とは └検索品質評価ガイドライン ・「検索品質評価ガイドライン」（ ・「検索品質評価ガイドライン」とは └「検索エンジン最適化（SEO）スターターガイド」 ・「検索エンジン最適化（SEO）スターターガイド」 ■GoogleのSEO対策で重要な5つのこと　2000文字 └その1：上記3つのガイドを読んでおく ・量は多いがGoogleという検索プラットフォームの思 └その2：クロールされやすいサイト設計にする ・クロールされやすい、とは？ ・インデックスのされやすさにつながるので重要 ・テキスト主体 ・画像や動画もaltタグなどテキストでフォローを ・内部リンク最適化 ・titleタグ、descriptionタグ最適化 └その3：ホワイトハットSEOにこだわる ・ブラックハット、ホワイトハットとは ・ブラックハットで一時的に順位が上がっても、ペナ └その4：ユーザーファーストを意識する ・検索エンジンはユーザーにとって良い答えを返すサ ・サイト内回遊のしやすさ、サイトの使いやすさ、文 └その5：被リンクを獲得する ・第3者からの評価も非常に重要 ■まとめ　500文字

想定される言及項目 ※内容を制限するものではありません ※参考は、パラグラフ単位で内容を構成する際の参考となります。	執筆文字数 ※競合の文字数を参照	参照記事 ※完成形記事としてイメージが近いものを記載
リード　300文字	3,000	
■GoogleのSEO対策で必ず目を通したい3つのもの　600文字		
└Googleのガイドライン		
・Googleは「ウェブマスター向けガイドライン」（※参考： ）		
・「ウェブマスター向けガイドライン」とは		
└検索品質評価ガイドライン		
・「検索品質評価ガイドライン」（		
）		
・「検索品質評価ガイドライン」とは		
└「検索エンジン最適化（SEO）スターター ガイド」（ ）の3つ		
・「検索エンジン最適化（SEO）スターターガイド」とは		
■GoogleのSEO対策で重要な5つのこと　2000文字		
└その1：上記3つのガイドを読んでおく		
・量は多いがGoogleという検索プラットフォームの思想、ルールが詰まっている		
└その2：クロールされやすいサイト設計にする		
・クロールされやすい、とは？		
・インデックスのされやすさにつながるので重要		
・テキスト主体		
・画像や動画もaltタグなどテキストでフォローを		
・内部リンク最適化		
・titleタグ、descriptionタグ最適化		
└その3：ホワイトハットSEOにこだわる		
・ブラックハット、ホワイトハットとは		
・ブラックハットで一時的に順位が上がっても、ペナルティのリスクが高い		
└その4：ユーザーファーストを意識する		
・検索エンジンはユーザーにとって良い答えを返すサイトを評価するようにアルゴリズムを変えている		
・サイト内回遊のしやすさ、サイトの使いやすさ、文章の長さ、読みやすさ、情報量など		
└その5：被リンクを獲得する		
・第3者からの評価も非常に重要		
■まとめ　500文字		

　作ってもらいたい記事の内容を詳しく整理するのは時間がかかります。1記事30分〜45分はかけていました。記事要件は、このくらい詳しくしておけばライターは迷いません。迷ったら相談してもらい、同じ迷いがないように次からは相談されたことを具体的に要件に記載しておきます。そのようにすることで、実際に納品された原稿の手戻りを少なくすることができました。

　どんなキーワードを狙うかは指名検索の章を参考に、指名検索や、貴社のサービスカテゴリの複合キーワードを狙ってください。ビッグキーワードでも検索結果にあまり強い競合がいない場合もありますが、多くの場合は比較記事などでWeb上の検索結果は埋まってしまうので、ひとりマーケターの間は早く上司に「こんなキーワードで1位とりました」と報告するために、まずは1位をとりやすくコンバージョン貢献しやすい指名検索や、「〇〇（サービスの内容）　相談」などの複合キーワードから狙いましょう。

記事管理

　次のようなフォーマットで記事を管理します。「キーワード確定」「記事要件作成」など必要な記事制作の工程をすべて書き出し、締め切りを入れて管理します。工程が完了したら「済」と入れておきます。記事は公開したら記事URLとタイトルを入れておき、1カ月後などにセッション数、順位などを確認してメモしておきましょう。

進捗	No	公開月	キーワード（検索ボリューム）	ライター名	文字数	外注費	外注費（税抜）	キーワード確定	要件シート作成	原稿〆切	校正	社内チェック完了	図版発注	図版納品	ワードプレス投稿	記事公開	記事タイトル	公開URL	検証日	セッション数
公開	1	8月	会計ソフト 選び方　（30）	Aさん	5,000	¥	¥0	済	済	済	済	済	済	済	済	済				
公開	2	8月		Bさん	4,000	¥	¥0	済	済	済	済	済	済	済	済	済				
公開	3	8月		Bさん	3,000	¥	¥0	済	済	済	済	済	済	済	済	済				
公開	4	9月		Cさん	3,000	¥	¥0	済	済	8/10	8/22	8/26	8/26	8/26	9/3	9/10	9/11			
公開	5	9月		Cさん	4,000	¥	¥0	7/15	7/23	8/10	8/22	8/26	8/26	8/26	9/3	9/10	9/11			

記事を執筆する

　要件が決まったら、いよいよ記事の執筆に移ります。【ステップ1】体制を作るで解説した方法でライターを見つけてみましょう。

記事の校正・校閲を行う

　記事が書き上がったら、校正・校閲に移ります。校正とは、誤字・脱字がないか、表記の統一ができているかといった点を確認する作業です。何度も読み直しながら、校正を行っていきます。

　校閲は、内容の誤りを正したり、不足している内容を補ったりすることです。記事の内容に間違いがないかを確かめていきます。こちらも文字単価1円ほどで外注できる企業もありますので、外注する場合は外注先を調べておきましょう。外注先によって校正・校閲を終えた原稿が、発注先に納品されることになります。

記事の確認・修正を行う

　外注先から納品された記事を確認します。記事要件に立ち返って、記事全体の流れを見ていくことで、盛り込むべき情報が入っているかをチェックします。目的を達成できそうな内容になっているかどうかも見ておくと良いでしょう。

　次は、記事が正確な内容になっているか、社内でも誤字・脱字がないかも確認するようにしてください。とくに、専門性の高い内容は、社内での確認に時間がかかる場合がありますので、事前にチェック工数を記事づくりのスケジュールに組み込んでおきましょう。記事の確認を終えて修正が必要な場合は、外注に指示を出して対応してもらいます。

記事をフル活用する

　コンテンツを作成する際は、そのコンテンツをどのように見てもらうかを考える必要があります。多くのユーザーが検索するキーワードがはっきりしているテーマであれば、SEOが重要になります。記事を書く際に、どんなキーワードで検索されるのかということを考えながら執筆すると良いでしょう。

　ソーシャルメディアは、記事公開時の最初の流入源になります。公式アカウントや運用関係者のアカウントを育て、フォロワーを増やしていくことで拡散力を高めることが可能です。第三者のメディアに掲載されれば、自力では届かない範囲にまでコンテンツを届けることができるようになります。Yahoo!ニュースやSmartNewsをはじめとする、キュレーションメディアなどに掲載されるようにアクションしていくことも必要です。

　また、とくにソーシャルメディアの広告において、コンテンツそのものを広告として出す手段も増えてきています。力を入れて制作したコンテンツは、そのまま広告枠に配信するという手段も検討可能です。

　BtoB企業の場合、自社のサービスに関するこだわりや豆知識をSNSに記載するだけでも、その界隈の人達は注目してくれます。またビジネス系のネタはYOUTRUSTやLinkedInなどのビジネス系のSNSで投稿しても変に浮きませんので、個人のSNSは最大限に活用しても良いでしょう（会社に投稿して良いかは合意を取ってくださいね）。

私はひとりマーケターには月に1本や2本でも良いので記事制作にチャレンジしていただきたいと考えています。**理由は作った記事を公開して終了ではなく、メルマガ、広告のLP、SNSのネタとして、あちこちで使いまわせるからです。**しかも、1回作ってしまえばよほど時事ネタではない限り使用期限なく、使用の都度お金がかかることもありません。メルマガ、広告LP、SNSのネタなど、それぞれ考えていると大変なので、作った記事はフル活用しましょう！

サイト流入後の内部導線を考える

　Webサイトに流入した後のユーザーの動きもしっかりと考えましょう。

　コンテンツは見られるようになったが、その後ユーザーが何のアクションもしないまま、ということでは意味がありません。流入後に期待するユーザーの行動に合わせて、サイトのインターフェースや構造も最適化する必要があります。

　メールマガジンの登録導線をわかりやすい位置に示したり、メールアドレス入力で無料ダウンロードできるコンテンツへのバナーリンクを記事の下に置いてみたり、そうした導線上の工夫が必要になります。

　もっとも成果が出たのは「1記事1ホワイトペーパー」という施策です。これは私のマーケティングチームのメンバーであるA木さんが名付けて読んでいる施策で、今ではマーケティングチーム内で浸透している言葉です。

　1記事1ホワイトペーパーとは、言葉の通り1記事につき1ホワイトペーパーを設置することです。これによって資料ダウンロード数が増加しました。たとえば、弊社ではSEOに関する記事にはSEOのホワイトペーパー、GA4に関する記事にはGA4のホワイトペーパーというように、「1記事1ホワイトペーパー」と言ってホワイトペーパーを用意しています（まだすべての記事に設置が終わったわけではありません）。

　BtoBマーケティングでは資料ダウンロード数が増えると売上も増える可能性が高まります。資料ダウンロードから電話やメールで追いかけ、問い合わせ化し、提案できるからです。お客様の連絡先すらわからなければ売上に繋げるための電話や、メールなどのアクションは取れません。そのため、BtoBのオウンドメディアが売上貢献するには、まずはホワイトペーパーのダウンロード数を増やすことを意識すると良いでしょう。

　1記事1ホワイトペーパーはとても大変なので、ひとりマーケターの間はここまでできなくても気にする必要はありません。私もメンバーが増えてから本格的に実施した施策です。

　しかし、もし今ひとりマーケターに戻ったら外注を活用しつつ、1記事1ホワイトペーパーを実現すると思います。

　これが答えということではないので、読者の方は本書を参考にしつつ、貴社で成果の出るひとりマーケターの施策の最適解をぜひ考えてみてください。また、これも広告運用と同様に記事制作やホワイトペーパーの作成だけにお金を使いすぎないように気をつけましょう。限られた予算の配分は難しいものですが、勝ち筋が見えるまではひとつのチャネルに高額を使わない方が安全です。

　ここまではひとりマーケターがWeb上で集客・CVを獲得する方法を記載しました。次はMA、インサイドセールスの立ち上げについて紹介します。

7-3　初めてのMA設定

　世の中には月5万円ほどから使える安価なMAツールがあります。MAを知らない方のために、まずは簡単にMAの機能についてお伝えします。知っている方は次の「MAを運用できない理由」からお読みください。

リード管理機能

　MAの核ともいえる機能がリード管理機能です。リードとは見込み顧客のことで、名前や役職といった属性はもちろん、Webサイトへのアクセスやメールの開封といった細かい行動履歴を記録・管理できます。

スコアリング機能

　スコアリング機能とは、リードの一つひとつのアクションに点数をつけ、評価する機能のことです。たとえば「メールを開封したら1点」「サイトにアクセスしたら2点」といったように点数をつけることで、リードの興味・関心度を可視化します。この点数が一定の値を超えたリードに対してアプローチすることで、営業効率

を高めることが可能です。

メールマーケティング機能

リードに対して一斉にメールを送ったり、リードの属性や状況に合わせた文面を作成したりできるのが、メールマーケティング機能です。マーケティング手法として、メールを活用するのは非常にメジャーな方法であり、その作業を強力にサポートしてくれる機能となっています。

CRM・SFAとの連携機能

MAはリードの獲得・育成を得意とするツールですが、その後のステップである営業活動を支援するSFAツールや、顧客のフォローやリピーター獲得を得意とするCRMツールもあります。MAには、こうしたCRMやSFAと連携できる機能があり、顧客の獲得からフォローまでを一気通貫で行うことが可能です。

● MAを運用できない理由
スコアリングがうまく機能していない

見込み顧客の属性や行動履歴を元にスコアリングして、どの相手に対して重点的にアプローチするかを判断できるようになるのが、MA導入のメリットの1つです。しかし、このスコアリングの基準については、運用者自らが設定をしなければならず、点数を付ける基準やその大小が入念に練られたものでなければ、うまく機能してくれません。

場合によっては、アプローチすべきではない見込み顧客に高い点数が付いて無駄な営業活動をしてしまったり、本来攻めるべき見込み顧客に低い点数が付けられて見落としてしまったりすることもあります。ひとりマーケターのうちは、まずはシナリオ機能でメールの自動化を優先し、その後細かなスコアリング設定に移ることをおすすめします。私は先にスコアリング設定をして挫折してしまいました…。

コンテンツが不足している

MAの機能を効果的にするには購買意欲の高い見込み顧客に対しては「同業他社の商品と比較したコンテンツ」を用意し、購買意欲の低い見込み顧客に対しては「商品の特徴を解説するコンテンツ」を用意するというような、相手によって使い分けができるレベルのコンテンツ量を確保しておかなければなりません。

機能を使いこなせていない

MAには作業の自動化などの便利な機能が多数搭載されていますが、その一方で人の手で操作をしたり、設定を考えたりしなければならないものも少なくありません。そのため、MAやマーケティングに関する知識が浅いままにMAを導入したとしても、すべての機能を使いこなすに至らず、ただ単に一斉メールを自動で送るツールになってしまう例も少なくありません。

では、どのようにMAを選べば良いのでしょうか。ポイントは3つあります。1つ目は価格。2つ目はMAとSFAの連携。3つ目は営業マンのスタンスやツール提供会社のスタンスです。それぞれ説明していきます。

1つ目は価格です。ここは言うまでもなく、ツールだけで月額予算が飛んでしまうようでは絶対にそのツールを入れてはいけません。価格はいくらなら良いと明言しにくいのですが、ひとりマーケターの段階ではそんなに多機能を使いこなす時間的余裕に恵まれないので、MAでやりたいことを整理しておいて、それが最低限できるツールを安くても良いので選ぶのがおすすめです。

ひとりマーケターでもMAツールで確認しておきたい機能を挙げます。

メールマガジンの配信

予約投稿はできますか？

メルマガの配信範囲はどの程度設定できますか？

メルマガの配信セグメント数に制限はありますか？　たとえば、セグメント数に3つなど制限があると、セグメントの見直しが発生します。4つ目のセグメントを追加したいけれど、既存の3つのうちのどれかを削除しなければならない、というような形です。一方で制限がないと、いくつでもセグメントを作れるのでスムーズに必要なセグメントを作れる反面、管理コストがあがります。

リード情報の管理

名寄せ機能はありますか？

個人情報にどんな情報を紐づけられますか？　たとえば、どんなページを閲覧したのか紐づけられる場合は「サービスページを見た人にこんなメルマガを出そう」という仕組みをつくることができます。そういう仕組みを作る予定がなければ、個人情報に閲覧ページが紐づいている必要はありませんね。

シナリオ機能

シナリオ機能がないMAツールは聞いたことがないので恐らく問題にはならないでしょう。無料のMAにはシナリオ機能はデフォルトのものがあり、自由に設定できないこともありますので注意してください。

フォーム機能

あなたがフォームを作成・公開し、お客様がそのフォームを入力したら、その入力された顧客情報がMAにデータとして貯まる機能です。自動返信でお客様に「申し込みを受け付けました」や、自社にメールで通知が届く機能も多くのMAには備えられています。

2つ目はMAとSFAの連携です。ただし、この項目は3つの項目の中で最も優先順位は低いです。なぜなら、まずはひとりマーケターとして結果を出すことを優先したいからです。ただし、問題を先送りにすることにはなるので、まったく考慮しないのは推奨しません。

チームの人数が増えて、MAとSFAの連携を考えなければならない段階に到達したとき、あなた自身が困るからです。

そのため、**事前に予知できる課題は考えておいた方が良いでしょう。その方が「あなたはなぜあのとき、将来的にこういう影響が出るとわかっていたのに、あの意思決定をしたのですか」と聞かれたときに明確に回答できるからです。**

ひとりマーケターの間は意識することが少なくても、ゆくゆくは考えることになるのがCRMやSFAとの連携です。MAとSFA連携ができていないと何が起きるかと言うと、MAでセグメントした100名が現在契約中か商談中ではないかを判断するために、SFAのデータとVLOOKUPなどを利用して**手作業で突き合わせることになります。**数が少ないうちはまだ良いのですが、この手作業は商談件数や、セグメントの数が増えると馬鹿にならず、企業によってはMA、SFAデータ連携の手作業のためにパートさんを1名雇っているところもあります。

これから導入するMAはどんなSFAと連携できるのか？
連携とはAPI連携なのか？　ボタンを押すと連携されるバッジ処理連携なのか？
リアルタイムで情報が更新されるリアルタイム連携なのか？

こうしたことを考えたうえでMA選定は行いましょう。その結果、価格が理由でSFA連携できるツールをどうしても入れることができない場合は、あなたが成果を出したら予算をいただき、SFA連携できるMAに乗り換えれば良いのです。このような見通しを立てるためにも、MAを選ぶときはSFA連携の情報は集めておきましょう。

3つ目は営業マンのスタンスやツール提供会社のスタンスについてです。MAツールの導入で挫折してしまうのは機能を使いこなせず、費用対効果に合った成果を出せないからです。MAツールを入れても成果が出ない場合、1歩目が間違っています。いきなりMA支援会社に任せていろいろと始めようとすると失敗します。1番大事なのは、「今、何の機能を使うのか、あなたが決めること」です。

弊社の場合は、まずはたった2つの機能だけを使いました。それが資料ダウンロードをSlackで通知してくれる「webhook」と、特定のタグをMAで顧客につけると自動でメールを送付する「シナリオ」です。以前は弊社もMAを入れただけでは数字は伸びないので、機能が多くて使いこなせないことで施策が止まっていました。そのため、今すぐ使える機能だけを厳選することにしました。機能が多いのでいろいろやりたくなる気持ちもわかりますが、一人しか担当はいないので余計なことに時間を使わないで重要な機能だけに時間を使いました。

多数ある機能の中から、今使える機能を選ぶときには、MAツールの営業マンの話をよく聞いたり、MAツールの会社が活用支援の仕組みを無償で提供しているのかが大切です。たとえばMAツールの担当営業マンが、あなたをひとりマーケターだとわかっていながら、あれこれと追加のオプションを進めてくるようであれば、そのツール会社のツールを使うことは推奨しません。

なぜなら「ひとりマーケターで稼働時間は限られている」とわかっているはずなのに、使いこなせないとわかっているオプションをその場で提案して受注金額を高めようとしているように見えるからです。

そうではなく「おひとりでしたら、まずはこのツールから使ってみてはどうですか？」と話してくれる営業マンは信頼できます。MAツールを上手く活用すれば、毎回10分かけていたメールを、1分で送付できるようになります。これだけで作業効率は単純に時間計算すれば10倍です。ひとりマーケターに合ったMAツールの使い方をして、成果を出していきましょう。

● シナリオ設定の使い方

　ひとりマーケターがMAを入れた場合、使う機能を3つほどに絞ることが大切とお伝えしました。私が使った機能は「シナリオ」です。シナリオ機能は多くのMAに搭載されています。設定手順は違っても基本的な考え方は似ているので、読者のひとりマーケターの参考になればと思い、どのようにシナリオ設定をしたのかご紹介します。

　多くのMAについているシナリオ機能を使えば面倒なメール配信も自動化できます。シナリオとは顧客が購入するまでの動きの流れを指します。その流れにそった顧客へのアクションをMAで自動化できます。「問い合わせページを閲覧したユーザーにメールを配信する」「商品詳細ページで離脱したユーザーにポップアップを表示する」といったように、適切なタイミングで最適な情報を届ける施策を一部自動化できます。

　ただし、このシナリオ設定が初めてやる人には結構難しいです。設定の項目が多く、慣れないと時間がかかります。

　シナリオ設定を少しでもスムーズにするために私が行っていることをご紹介します。

● STEP1：全体像を書く

　全体像の書き方はシンプルで、手書きで良いので施策の流れを書いてみましょう。

　これをせずにMAを触り始めると途中で「あれ、これって何で使うメールマガジンなんだっけ」「たくさん使えるタグがある…このタグはどういう人につけるタグなんだっけ…」と混乱します。これが時間のかかる原因の1つです。

　私が当時書いた全体像は次のようなものです。

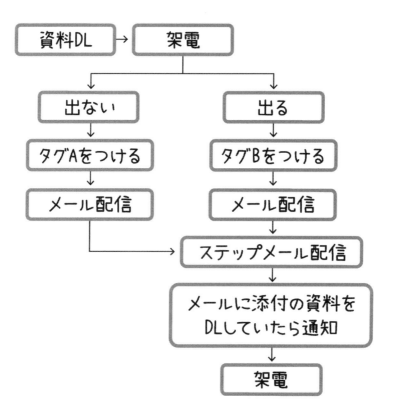

　言葉で表せば「資料ダウンロードした人に電話して、電話に出た人と、出なかった人に個別でメールを送り、後日ステップメールを配信する。その後、ステップメールに添付している資料をダウンロードしていたら私に通知が来て、架電する」仕組みを作りたいということです。

● STEP2：全体図の中で、MAで自動化できるとラクなことを選ぶ

さて、全体図を書いたら、その中でMAを使って自動化したいものに印をつけます。

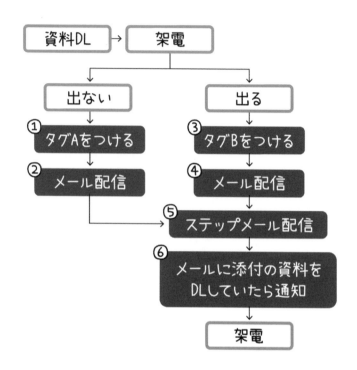

自動化したいところは6箇所ありました。

①〜⑤はできることに間違いないですが、⑥についてはできるか不明なので、MAツールの会社に「御社のツールを入れているんですけど、メールに添付している資料をダウンロードしたら、何の資料をだれがダウンロードしたのか、社内通知することってできるんでしたっけ？」と聞いてみます。

できる場合は、その設定方法を教えてくれます。できない場合は、一旦⑥番は諦めて別のシナリオを考え直すしかありません。ただし①〜⑤まではできるので、①〜⑤までは設定できます。

このように全体像があると、全体像のどの部分がMAでできて、どの部分がMAでできないのかを把握できます。

この段階で設定方法がわからないものはマニュアルなどを見つけて、すぐに見られるように手元に置いておきましょう。

● STEP3：実装に必要なものを準備する

このステップが抜けている人が多い気がします。②番、④番、⑤番はメールを配信するわけですよね。ということは、次の2つは必要なものです。

- **メールの文面**
- **メールに添付する資料**

メールの文面はもう作ってありますか？
メールに資料を添付する場合、添付する資料はすでに手元にありますか？
サービスに関する問い合わせ先は資料内に記載がありますか？

これらの準備を飛ばして、MAツールの設定はできませんよね。お客様に空っぽのメールなんて出せません…。

この準備のステップに時間がかかります。この準備をせずに、さっそくMAでシナリオを設定しようとしても、シナリオに入れる情報がないので設定できません。

● STEP4：ようやくMAツールを触る

あとはMAツールで①～⑥番を設定していくだけです。

設定して、きちんと期待通りに動くかをテストして、また修正して…を繰り返します。一発で設定できない可能性があることを考慮しておきましょう。調べながら設定するので、言ってみれば説明書を読みながら自宅の棚を組み立てるようなものです。

このねじはどの箇所に使うんだっけ、向きはこれであっているんだっけ、などの説明書を見ながら組み立てると時間かかりますよね。初めてMAツールでシナリオ設定する場合もそのような感じになります。

こうしてシナリオの設定が完了すれば、今まで自分で出していたメールを自動化できます。MAを活用して自動化できることは自動化し、生産性を高めていきましょう！　続いてはインサイドセールスについてお話します。

7-4　インサイドセールスの立ち上げ

　MAとセットで話すことが多いのがインサイドセールスです。インサイドセールスとは、電話・メール・オンライン会議ツールなどを利用し、非対面（遠隔）で取り組む営業手法のことです。まずは知らない方のためにインサイドセールスの一般的な情報を記載しますので、知っている方は「ひとりマーケターがインサイドセールスをするには」からお読みください。

　インサイドセールスは内勤営業、フィールドセールスは外勤営業を指します。しかし、コロナ禍以降は、フィールドセールスも訪問をせずにリモートで営業をすることが多くなりました。そのため、現在の大きな違いとしては、接触する顧客のフェーズによります。

　フィールドセールスでは、担当者が顧客を訪問（もしくはビデオ会議）し、提案事項の説明や契約のクロージングなど、一連の商談を行います。インサイドセールスでは、フィールドセールスが提案をするための情報の収集や、お客様が提案を求めている段階なのかを探ります。提案を求めていない場合は、お客様が求める情報の提供（本書で表現するところの啓蒙ですね）を行います。

● ひとりマーケターがインサイドセールスをするには
　私はひとりマーケターに着任してから3〜4カ月後に、ひとりでインサイドセールスとして資料をダウンロードしたお客様に電話していました。その後、インサイドセールスの体制を整え、いまでは問い合わせの30%以上がインサイドセールス経由です。ここではひとりマーケターでインサイドセールスを始めたい方に向けて、私がどのようにインサイドセールスの体制を構築したのかをご紹介します。

　まず活用したのはMAツールです。資料ダウンロードの通知がSlackに来るように設定し、通知が来たらすぐに電話していました。電話がつながらなかったお客様

には「確認のために電話をさせていただきましたが、つながりませんでした。無事に資料ダウンロードはできましたか？」という確認メール送付をMAで自動化しました。MAがなければ記事作成、メルマガ作成、ウェビナー、広告運用をしながらインサイドセールスまで1人ですることは不可能でした。半年ほど経ち、インサイドセールスでの問い合わせが月に数件とれるようになったので、インサイドセールスへの予算を増やすことにしました。

増えた予算で私は当初、インサイドセールスを採用したいと思っていました。しかし、実際に募集をかけて面接をはじめてみるとあることに気が付きました。未経験者しか応募してこないのです。インサイドセールスは私も見様見真似で半年ほど自ら電話をかけただけで、とても経験者とは言えません。ですから経験者を採用したかったのですが、応募は未経験からが多かったです。理由は単純で、年収です。

インサイドセールスは外資系の営業組織では最低年収を500万円〜提示しているところが多かったのです。中には650万円〜提示しているところもあります。

そんな高額、ひとりマーケターのマーケティング組織が払えるでしょうか…。企業規模や年度によってはマーケティング予算の1年分ですよね。何度も書いているとおり、1つのチャネルだけにお金をつぎ込むのは厳禁です。いただいた予算はなるべく複数チャネルで複数施策を打つためのリソース確保に充てるのが限られた予算と限られたリソースのひとりマーケターが勝つ戦略です。

そう考えていたので、貴重な予算をインサイドセールスのメンバーの人件費だけには使えません。そこで私は月10万円前後で、3カ月に1回でも単発で依頼できるインサイドセールスの外注先を探すことに切り替えました。

それでも内製化へのこだわりを消し去ることは難しかったです。そこである日、なぜそんなに内製化したいのか考えました。「PDCAサイクルが早そう」「コミュニケーションロスが少なそう」ということが主な理由でした。しかし、外注するとPDCAサイクルが遅れるのは私が外注先をコントロールしていないからです。私の段取りが悪いのであり、外注先のせいでは決してないはずです。私の指示が雑だから期待と違う結果になるのです。PDCAサイクルも、コミュニケーションロスも自分の努力次第で改善できる、改善してみせる、と決意しました。

何より譲れなかったのはインサイドセールス百戦錬磨！　のような経験者に電話をしてもらいたかったことです。しかし、経験者は高額な年収の外資系に行ってしまいます。しかし、外注ならば経験者に電話してもらえます。インサイドセールスの経験者に電話をしてもらうために、内製化をあきらめました。

　実は外注すると決めると意外と簡単にインサイドセールスを形にできます。インサイドセールスの外注はあなたにとっては初めてでも、外注先にとってはすでに経験のあることです。ですから「まずはこれを決めましょう」「次はこれ」と外注先の営業やディレクターが段取りをしてくれます。

　私は、半年間自分で電話をしながら見つけた理想のインサイドセールスの対応フローを外注先に伝え、それを外注先でも実施できるように調整しました。インサイドセールスの経験が少ないからといって外注先の言いなりになってインサイドセールスのフローを組むことはおすすめしません。言いなりになってしまうと自分で考えていないので成果がでなかったときに具体的な改善策を考えにくくなります。そのため、ひとりマーケターは1～2カ月でも良いので自分でインサイドセールスをやってみることをおすすめします。

　私はひとりでインサイドセールスをやってみて、次のことを実行したいと考えていました。

インサイドセールスで実行したいこと

資料ダウンロードをした方が、資料ダウンロード時のフォームで「サービスに関心がある」をチェックした場合はインサイドセールスが電話をする。もしチェックがなくても、お客様のお手元に資料が届いていない可能性があるかもしれません。そのため、資料が届いたかどうか確認のためにご連絡を差し上げる。お電話でもし「営業と話してみたい」「サービスを詳しく知りたい」と言われたら、営業に申し伝える。

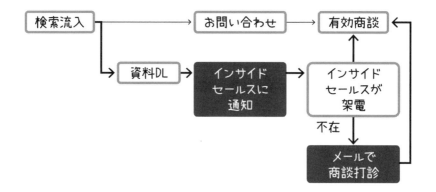

簡易的に示したフロー図
黒色の部分はMAで設定

　このようにフローが完成していれば外注するのは簡単です。あとは電話のタイミング、トークスクリプト、営業の日程の押さえ方、電話が繋がらなかった場合の対応などを外注先に伝ておきましょう。具体的にご紹介します。

電話のタイミング

　弊社の場合は資料ダウンロードされたらインサイドセールスに通知が届くので、通知が電話をするタイミングです。電話のタイミングは通知が届いたら、マーケターがOKを出したら、など具体的にしましょう。

トークスクリプト

　トークスクリプトはブラッシュアップするものなので、完璧を目指さなくても大丈夫です。ひとりマーケターが自分で電話していたときのトークの内容を書き出して、その流れでトークをしてもらいましょう。書き出したトークの内容は、外注先や、営業でテレアポが得意なメンバーがいたらそのメンバーに確認と、添削をお願いしてみましょう。トークスクリプトの作成は外注すると追加費用になる場合が多いため、自分で作成し、確認や意見をもらうようにすると外注費を節約できます。トークスクリプトはパワーポイントでフローチャートにすると作りやすいです。

営業の日程の押さえ方

　弊社の場合はGoogleカレンダーを使っているので、インサイドセールスのメンバー用に1つGoogleカレンダーのアカウントを用意し、インサイドセールスのメンバーが営業のカレンダーを見ながら空いているところにお客様との商談を入れています。企業によってはインサイドセールスのメンバーが営業メンバーと直接メールやチャットでやりとりしながら日程調整が必要な場合もありますので、貴社ではどのように日程調整をするのが良いか営業と相談してみてください。

電話が繋がらなかった場合の対応

　弊社では電話が繋がらない場合、MAで設定したシナリオを用いてメールを送付しています。意外とメールに返信がくるので、電話が繋がらなかった方にメール送付をするのはおすすめです。

7-5 ウェビナーやってる工数ないんですけど…

　つづいてはひとりマーケターがウェビナーをどのように実施するのかをご紹介します。

　お問い合わせやアクセスポイントを増やすにはウェビナーも有効です。あなたがある企業に問い合わせたいと思ったとき、問い合わせフォームから問い合わせる

ケースもあれば、その企業に勤めている方にメールなどで連絡することもあるのではないでしょうか。

また、急ぎであれば電話で問い合わせるかもしれません。でも、電話やメールで問い合わせる場合、誰につないでもらえば良いのでしょうか？　お客様は電話で問い合わせたいと思っても、誰につないで欲しいと受付に伝えれば良いのかわからないものです。そんなことを気にせず「〜〜について問い合わせたいんですけど」というだけの人もいますが、そういう人はもう貴社にアクセスできているから大丈夫なのです。

重要なのは貴社にアクセスするうえで課題になっていることを取り除き、アクセスしやすくすることです。急いで問い合わせたいけど、電話を誰につないでもらえば良いかわからない、という方のために社内の誰かの顔を売っておくのは有効です。ウェビナーで毎回同じ人が登壇すれば「Aさんにつないでください、〜のウェビナーを見て相談がありまして」とスムーズに言うことができます。ですから、定期的にウェビナーをしておくことはお客様が貴社にアクセスしやすくすることに少しずつつながっているのです。

しかし、ウェビナーが問い合わせにつながってない！というマーケティング担当者の声をよく聞きます。問い合わせにつながるウェビナーにするために意識していることをお伝えします。

①参加者が誰かに話したくなる情報がある
たとえば、弊社がほぼ毎月やっていたSEO内製化ウェビナーがあります。これは内製化できる企業の特徴と、もしどうしても内製化できないとしてもセミインハウスという選択肢は実はあることが、参加者が誰かに話したくなる情報です。

内製化を考えている担当者や、上司から「うちもウェブマーケティングやSEOを内製化しないか」と言われている担当者は、SEOを内製化できる企業の特徴を知ったら、それを上司に伝えたくなるはずです。

ほかにも「後発オウンドメディアを成功させるポイントウェビナー」も好評で問い合わせにつながっています。世の中にオウンドメディアは2000年頃から次第に数が増えていき、2022年現在、世の中のWebマーケターは「いまさらメディアを

立ち上げても競合に追い付けないよなあ」「更新が止まっているうちのオウンドメディア、再開しても競合に勝てっこないよなあ。記事の数も全然ちがうし」という悲しい気持ちになっているのを知って開始したウェビナーです。

実をいうと後発オウンドメディアでも大きく成果を出す勝ち筋はありますが、それを見抜く方法を多くの方は知りません。そこで後発オウンドメディアウェビナーでは通知表のようなイメージで8つの自己診断項目を紹介しています。そうすることで上司と相談しながら自社のオウンドメディアは後発でも勝ち筋はあるのか自己診断できるようにしています。

②参加者がウェビナー終了後、やってみたくなり、すぐなにか着手できることがある
先ほどの自己診断は「参加者がウェビナー終了後、やってみたくなり、すぐなにか着手できること」でもあります。ウェビナーが理想論だらけで、とても自分たちでは真似できないことだらけだったら、せっかく参加したのに時間が無駄になってしまったと思うでしょう。そのため「ウェビナーが終わったら、この8つの項目を上司と確認してみてください」など、わかりやすいネクストアクションを提示してあげると良いです。

③だらだらと会社紹介をしない
ウェビナーにおける時間の無駄は冒頭の会社紹介です。登壇者と会社の紹介は2〜3分に納めましょう。参加者が気になっているのは登壇者や会社の情報ではなく、ウェビナーのテーマの内容です。たとえば「SEO内製化ウェビナー」「後発オウンドメディア成功のポイントウェビナー」と銘打っているのに、冒頭で5分間も会社紹介をされたらどんな気持ちになりますか。5分遅れて参加すれば良かったと思いませんか？　ウェビナーでは直前までほかの作業を簡単にできます。だからこそ、時間どおりに来てくれた方に最初から有益な情報を届けることが重要です。

④セールストークを最後に少し入れる
「もしお困りのことがあれば私宛にメールでも電話でもください」と登壇者が最後に言った方が良いです。伝えるのはウェビナーの後半です。参加者が困ったときにこの会社に相談してみても良いなと思うのはウェビナーの後半でここまで有益な情報を聞くことができたな、と思っているときです。それまでは有益な情報を早く欲しいと思っているので、それ以外の情報はいらないのです。

しかし、有益な情報だけを話して終わるのではただのボランティアです。企業はボランティア活動をする場所ではありません。売上を立てる場所です。このウェビナーは役に立ったと参加者に思ってもらうのは慈善活動や、自己満足のためではありません。その参加者が困ったときに、自社に問い合わせてもらうためです。ですから、最後に「困ったら問い合わせくださいね」と期待しているアクションを明確に伝えてください。

● ひとりマーケターがどうやってウェビナーをまわすのか

私自身がひとりマーケターだったころはあまり頻繁にウェビナーは実施できていませんでした。しかし、あるコツを見つけてからは定期的にウェビナー実施ができるようになりましたし、ウェビナーにかける工数は実施前後合わせて1ウェビナーあたり4時間ほどですんでいます。マーケティングチームが2名以上になってからはほぼ毎週ウェビナーを実施しています。私がウェビナーをやっていて気付いたのは次の2点です。

- 1ウェビナー30分、質疑応答なしでOK
- 同じテーマで毎月1回、1年間やりつづけてOK

これがいまのところ私が考えているウェビナーに工数をあまりかけずに結果を出す最適解です。なぜ上記がいまのところ最適解だと考えているのかお伝えします。

1ウェビナー30分、質疑応答なし

新型コロナウイルス感染症の流行によって展示会やリアルでのセミナーができなくなった分、ウェビナーを実施するところが増えました。そんな中で私もリサーチを兼ねていくつかのウェビナーに参加した際、BtoB業界では有名なあるメーカーが30分のウェビナーをやっていました。

それに参加してみると、30分だと参加者側も集中して聞けたことに気が付きました。また1時間もウェビナーがあると、ウェビナーの冒頭で話されていたことをほとんど忘れてしまっていることにも気が付きました。30分のウェビナーは短いのではないか、と考えていましたが、個人的には集中力の限界としても30分がちょうど良かったと感じました。弊社のウェビナー参加者の声を共有します。30分という時間はちょうど良いと思って頂けているようです。

- コンパクトにまとめられており、また用語も解説いただいたので初心者ですが理解しやすかったです、ありがとうございました。

- 長く時間をとるような形式ではなく、簡潔に要点を述べていただき有意義な内容でした。GA4に関して、続編でウェビナーをお願いしたいです。

- 簡潔でわかりやすかったです。

- 本日はありがとうございました！　テンポよくお話しいただいたので、最後までしっかり拝聴することができました。

　30分だけにするのは、BtoBマーケティングだからというのもあります。BtoBマーケティングの購買の特徴は「ひとりでは決められないこと」。**30分だけならば、1時間のウェビナーに比べて、上司や同僚を比較的誘いやすいのです。**実際に、1度ウェビナーに出て参考になったからということで、上司をさそってもう一度別日の同じ内容のウェビナーに参加される方もいました。

同じテーマで毎月1回、1年間やりつづけてOK

　弊社では1年間、まったく同じテーマでほぼ毎月ウェビナーを行っていました。毎回同じ内容であるにも関わらず、毎月30～50名ほどの参加を獲得できていました。参加者の中には初めて参加する方もいれば、前回参加したけど内容を忘れてしまったという方もいます。

　そのため、毎回違うテーマのウェビナーを用意しなければならないと思い込む必要はありません。適度にテーマを変えたり、新しいテーマのウェビナーを試したりすることは大切ですが、上手くいっているウェビナーがあるのならば、それを継続するのも1つの手です。

　また同じテーマで毎月やっているとテーマの内容がブラッシュアップされていくのでウェビナーが上手になります。ウェビナーの準備もかなり短く済むため、登壇者の負担も軽いです。ひとりマーケターが何か準備をするとしても、申し込みフォームと集客対応のみなので4～5時間ほどでできます。イチからウェビナーを

作る場合に比べてかなりリーズナブルです。

　新ネタを常に考えなければならないと思い悩む必要はありません。新ネタは試しつつ、鉄板ネタのウェビナーは継続しましょう。そうすることで内容がブラッシュアップされたり、準備をスムーズにできたり、参加者にとっても忘れてしまったときにまた参加できたり、参加者が上司や関係者と一緒に参加する機会を得られます。

● 共催ウェビナーの準備はもっと大変！

　共催ウェビナーはひとりマーケターには推奨しません。理由は自社でやるよりも工数がかかるからです。共催ウェビナーは「LPはどっちが作りますか」「集客はどうしますか」「ウェビナーの内容は？」など**全部相手側と相談して、合意しなければ進みません。これは正直に申し上げると、ひとりマーケターのウェビナー運営において最悪に近い状態です。**

　誰かと相談して物事を進めるのはとても時間がかかります。ましてや金銭の発生しない交渉事は難航します。それならば5名や6名の参加者であっても、ひとりでやり切った方が相談で工数を失うよりもずっと良いです。

　なぜならアクションした分、問い合わせを増やすことにつながる学びがあり、アクションした分、仮説が検証されるからです。「思うように集まらなかったから、このテーマは良くないのかな」「思うように集まらなかったのは広告が悪かったのかな。次は同じテーマで配信場所とクリエイティブを変えてみよう」「次は別のテーマにしてみよう」など気づきを得られます。運が良ければ参加者がアンケートを書いてくれることもあるので、それも参考になります。

　しかし、共催ウェビナーは何度も実施しないので、獲得した気付きを次に活かす機会が少ないです。それならば、獲得した気づきを何度も試すことができるフットワークの軽い施策の方が、限られたリソースで早く結果を出したいひとりマーケターには合っています。

　共催ウェビナーでとくにトラブルになりやすいのが集客周りです。弊社のウェビナーはテーマによって異なりますが、毎回10～50名ほど集まれば良いと考えています。しかし、共催をもちかけてきた企業によっては100名集めたいなど、とても高い目標をもっていることもあります。共催ウェビナーの集客に苦戦するくらい

なら、自社の問い合わせの集客に苦戦しましょう。ウェビナーで100名集めることより、ひとりマーケターに求められるのは1件でも問い合わせを増やすことです。

万が一、いま共催ウェビナーを進めてしまっているひとりマーケターがいたら、**まだ告知が始まっていなければ先方に丁寧に謝罪して、いまからでも止めることを推奨します。**「大変申し訳ありませんが上長からの許可がおりませんでした」と、こんなときは上司に盾になっていただいても良いでしょう。そのくらいインパクトのあることです。もちろん上司には盾になっていただきたいことは伝えて、その分成果でお返しすること、今後は安易に仕事を引き受けないことを伝えましょう。

集客をもう止められない場合は、全力で集客して成功させましょう。共催ウェビナーをするうえで絶対にやってはいけないことは集客が芳しくないときに他社を責めることです。「集客が芳しくないのはあなたが動いていないからではないですか？　申し込みフォームに『このウェビナーを知ったきっかけは何ですか』という設問を加えて、御社から知った人がどれだけいるのか調べたいです」というようなことです。これはマーケターとしてありえない質問です。

なぜこれがありえないのか？　それは**参加者希望者に余計なひと手間をさせて、申し込み数をさらに減らす行動だからです。**「集客が思うように進まない」という焦りに任せて、共催相手が集めてくれなかったからだ、という理由が欲しくなっているのです。もしどうしても計測したいなら、申し込みフォームに設問として設置するのではなく、申し込みURLにパラメータを設定していただきたいです。主催者の焦りで未来のお客様になりえる人に、余計なひと手間をさせるべきではありません。

また、パラメータをつけたとしても、何がきっかけでウェビナーを知ったかなど、期待しているほど精緻に測れるものではありません。たとえばA社の広告でウェビナーを知って、B社の広告で申し込みをしたら、パラメータ上はB社の集客貢献になります。

そのため、あなたが共催相手に「本当に集客してくれているんですか？　フォームに設問を設置してしらべますよ」と言われたときは「申し込みフォームとは、設問数が少ない、かつ設問とその選択肢が迷いなく選べる方が、完了率が高いです。その設問を追加することはさらに申し込み数を減らす可能性があります。集客数に

焦りを感じていらっしゃるのはわかります。だからこそ参加者数を集めるのが優先ではありませんか？　設問を増やすのは効果的ではありません。弊社は、〜〜〜のようなアクションを行っています。今後も集客活動として〜〜を予定しています」と冷静に伝えましょう。

どうしても共催ウェビナーをしたい場合は、なぜ共催でないといけないのかをよく考えてみましょう。相手の集客力に頼りたいなんていうのはもってのほかです。よく考えてみれば共催でやらなければならないことなどないはずです。もし共催ウェビナーをやるとしたら初めましての相手ではなくて、常日頃から数年以上取引のある先にしましょう。その方がフランクに、率直に相談できます。

どうしても自社以外の人をウェビナーに呼びたい場合はひとりマーケターの間は共催ウェビナーではなく、主催は自社で他社の方をゲストに呼ぶ形にしましょう。謝礼は関係性や、どなたを呼ぶのかにもよりますので一概には言い切れません。企業の担当者レベルであれば1万円ほどでまずは相談をしてみましょう。登壇してくれる方によっては謝礼はいらないので、参加者リストをくださいという方もいます。

● ウェビナーアンケートの声をどこまで参考にするか

ウェビナーのアンケートについては必ずしもとる必要はありません。しかし、感想が気になる場合はアンケートをとっても良いでしょう。

ウェビナーアンケートの結果を見て、自社のサービスに関心をもってもらえたのならば電話をすればOKです。アンケートで「サービスに興味あり」が0件でも落ち込む必要はありません。BtoBマーケティングの場合、ウェビナーは啓蒙の役割も兼ねています。

※ただし啓蒙だけで終わりにはならないように注意！あくまでアクセスポイントを増やして問い合わせを増やすための施策です。

ウェビナーアンケートの声は参考になるものも多いのですが、中にはあまり気にかけなくても良いものもあります。

大事にしたいアンケートの声

- ウェビナーの段取りに関するもの。声が聞こえない、日程のリマインドが欲しい、資料が見にくいなど
- 開催時間に関するもの。参加しづらい時間帯や、時間が長い、短いなど。

- 単純な理解度。「わかりにくい」か「わかりやすい」か。ただし、「わかりにくい」の中には競合他社が嫌がらせと言いますか、情報収集でウェビナーに参加して「ああ、なんか知ってることばっかでつまんないな」という気持ちで書いていることもあるので、その場合はスルーでOKです。

気にしなくても良いアンケートの声

- もっとこんな情報がほしい、というもの→本来ならお問い合わせをいただいて、営業から提案するレベルのことを求めているケースがあります。きちんと問い合わせてくださったり、お金を払ったりしくれているお客様に申し訳ないので、こうした声はありがたいものの、ウェビナーには反映しない方が誠実です。また、中には競合他社が情報を引き抜くためにもっと説明してほしいとアンケートにわざわざ書いているケースもあります。

● 初回のウェビナー準備

ウェビナーで必要なものを列挙します。

1. 企画出し
2. ウェビナー資料作成
3. 集客用のLP、申し込みフォーム
4. 集客用のクリエイティブ（必要ならば）
5. メルマガ用の文面や広告の出稿（必要ならば）

1つずつ解説します。

1. 企画出し

ウェビナーの内容の考え方は人それぞれですが、ひとりマーケター時代に私がしていたのは業界関係なくBtoB企業のウェビナーに参加することです。

参加しているうちにウェビナーのテーマについてわかったのは、テーマは悩んでいる人さえいれば何でも良いということです。最初のころのおすすめはなるべく業界トレンドのテーマや、初心者向けのウェビナーがおすすめです。なぜなら、そこにニーズがあることはほぼ確定しているからです。

まれに「競合とテーマがかぶるのが嫌だ」というひとりマーケターがおられますが、正直なところあまり気にされなくても良いでしょう。テーマ被りがルール違反

かというとそんなことはありません。業界の最新トレンドの解説や、初心者向けのウェビナーはどの企業もやっていることで、テーマがかぶってしまうのは仕方がないことです。大事なのは中身です。

　「競合に真似されるのが嫌だ」という方もいらっしゃいます。そんな方に僭越ながら伝えたいのは「真似、パクリ、模倣はマーケターの誇り」ということです。法に触れるものや、倫理協定違反でもない限り、競合から真似をされることは誇らしいことです。競合のマーケターから見ても、あなたの施策は良いと感じたのです。だから真似しているのです。

2. ウェビナー資料作成

　こうしてウェビナーのテーマを決めたら、それをどう伝えるのかを考えます。考え方としては前述のとおり、

①参加者が誰かに話したくなる情報がある。その誰かは上司だとなお良し

②参加者がウェビナー終了後、やってみたくなり、すぐなにか着手できることがある

　をコンテンツに盛り込みましょう。それが決まったら資料に起こします。資料を起こす前におすすめしたいのは、まずはテキストで大方台本をつくっておくことです。その台本に合わせて資料をつくるのです。たとえば30分のSEO内製化ウェビナーならば、30分間で話したい項目をなるべく細かく書き出します。

SEO内製化ウェビナー

- 会社紹介　2分　スライド1枚（既存のもの）
- 自己紹介　30秒　スライド1枚（既存のもの）
- SEO内製化の定義　3分
  - スライド1枚
- SEO内製化のステップ　15分
  - SEO内製化のステップ　1枚
  - 実際にそのステップで進めた企業のスケジュール例
    - A社さん　1枚（既存のもの）
    - B社さん　1枚（既存のもの）
- SEO内製化が向いている企業の特徴　2分　1枚
- 外注が向いている企業の特徴　2分　1枚
- セミインハウスが向いている企業の特徴　2分　1枚
- まとめ　1枚

こうすると、各項目で何分くらい話したくて、何枚新規のスライドが必要なのか想像できます。ここまで想像できたら社内に使える資料がないかを探したり、情報を集めたりします。新規の資料はもくもくと作るしかないのですが、リソースがただでさえ少ないひとりマーケターにとって、資料作成の時間はたしかに惜しいです。

　そこでおすすめなのは資料作成を外注してしまうことです。ランサーズ、クラウドワークス、ココナラなどで「資料作成」と調べれば、たくさん仕事を受けている人を見つけることができます。

　実際に発注することが決まったら、丁寧に依頼しましょう。まれに依頼したとおりのものがあがってこなかったというケースがありますが、それは発注者側の責任です。発注者側が納品されるものの品質をコントロールしながら進めてください。おすすめは進捗20％、40％、70％で都度確認を挟むことです。「ほんとうに細かくて申し訳ないのですが、弊社としてもウェビナーが初の試み（または久々の取り組み）で、社内からの関心も高く、これがうまくいけばまた次のテーマでウェビナーをするときに相談させていただきたいと思っています。成功させるためにも上司へこまめな進捗報告が必要で、すみませんが20％、40％、70％進捗した時点で、都度確認を挟ませていただけませんか？」と伝えてみてください。

　資料が完成したらリハーサルを行います。リハーサルはひとりで行って録画を見直すか、ほかの人に参加してもらってフィードバックをもらってください。そのとき、かならずどんな観点でフィードバックして欲しいのかを伝えましょう。「どんな観点でフィードバックしてほしいのか」は話し方なのか、資料の構成なのか見てもらいたいポイントが違うと思うのでそれを事前に伝えれば問題ありません。

　私から1つおすすめするなら「今から話す内容が、ウェビナーのテーマとずれていないか見てほしい」はフィードバック項目の1つとして入れておくことです。台本や資料作成をしているうちに自分ではテーマにあっているつもりが、他の人から見るとウェビナーのテーマの内容が少なく感じる場合があるからです。

3. 集客用のLP、申し込みフォーム

　申し込みフォームの作成と、ウェビナーを告知するLPの作成はセットでも問題ありません。たとえば弊社の場合は、ウェビナーを告知するLPの中に申し込みフォームがあります。

申し込みフォーム

LPには次の情報を記載します。

- **ウェビナー概要**
- **開催時間**
- **有料の場合は値段、支払い方法、支払期日**
- **無料の場合はその旨を記載する**
- **開催時間**
- **開催場所（ウェビナーなので「オンライン」と記載）**

申し込みフォームは次の内容を入力してもらいます。
- **企業名**
- **氏名**
- **電話番号**
- **メールアドレス**

他に記入してもらいたい情報があれば申し込みフォームの設問として追加します。設問は多いほど入力完了率が下がってしまうため、なるべく最低限の情報にしましょう。

申し込みフォームは入力し、フォーム送信をした後の画面遷移や「申し込みを承りました」という完了メールがフォーム入力したメールアドレスに届くかどうかも確認しましょう。ウェビナーの申し込みをして、完了メールが届かない場合不安になってしまいます。またウェビナーでは申し込みしていない人が参加するのを防ぐために、申し込みした方にだけ返信メールでウェビナーURLをお伝えすることが一般的です。

4. 集客用のクリエイティブ（必要ならば）

アイキャッチや、広告・メルマガで使う画像のことです。必要ならば準備しましょう。

画像の準備も自分で毎回つくると時間がかかりますし、毎回外注すると費用もかかります。私はデザイナーから著作権譲渡してもらい、同じテーマのウェビナーの場合は日付だけ変更してクリエイティブを使いまわしています。お客様もクリエイティブに飽きがくるので変えられるならば定期的に変えた方が良いですが、ひとりマーケターの工数都合で難しい場合は、同じクリエイティブを使っていても問題はありません。

5. メルマガ用の文面や広告の出稿（必要ならば）

　メルマガで告知するための文面や、広告の設定をします。弊社ではウェビナー集客は現在メルマガとSNSのみで行っています。自社に合った集客方法が見つかるまでは少額で広告を回しながら実験しましょう。

● これができないならウェビナーは不要

　大事なのはウェビナーの質と、ウェビナー後のフォローです。ウェビナーの品質を高め、参加者がウェビナーで「この施策やってみたいな」「ここの会社に頼んだら数字が良くなりそうだな」などの気持ちになるようにし、丁寧に参加者フォローをしてようやく問い合わせになります。そのため、次の内容に時間を使えない場合は、ウェビナーの優先度は落としても構わないでしょう。

リハーサル

　リハーサルを1回もせずにウェビナーをするのはやめましょう。ZoomやGoogleミートを使って1人で話し、録画して話し方や内容を精査しましょう。その録画の内容を見返しながら資料のブラッシュアップをしてください。話す内容のブラッシュアップは「参加者が誰かに話したくなる情報があるか」「参加者が、ウェビナー終了後に試せることがあるか」という2点で確認してください。

追い電

　ウェビナー参加者に対しての追いかけができないならば、ウェビナーの優先度は下げても問題ありません。弊社では毎回ウェビナー参加者の数％が問い合わせになっていますが、これは電話やメールで追いかけているからです。電話もメールもしなければ、お問い合わせになりません。あなたのウェビナーが誰かに話したくなるような学びがあって、ウェビナー終了後に自分で試せる小さなアクションがある場合、きっと参加者は「このサービスを使ってみたい」「このツールを使ってみたい」と気持ちが乗っています。そのときに連絡をしないとタイミングを逃してしまいます。

フォローメール

　「参加ありがとうございました」というメールも送付しています。参加者が数回以上来てくれている場合には、一斉配信ではなく、その参加者にのみオリジナルの文面で送付するのも有効です。お問い合わせにならなくても、感想のメールをいただけます。ひとりマーケターにとって感想は大切なフィードバックの1つです。

フィードバックとは他者が、あなたの何かがより良くなるように「こうしたら?」「こう感じた」などを伝えるものです。ただ、そのフィードバックの内容を受け取って実際に対応するかどうかを判断する権利はあなたにあります。なので、必要以上に重たく受け止める必要はありません。ひとりマーケターはひとりで仕事をするので、フィードバックをもらえる機会がとても少ないため、感想メールが新たな施策のアイデアにつながることもあります。

● ウェビナー集客について

　セミナーの集客については、次の4つの手段で行っていました。

①広告
②メルマガ
③セミナー告知専門サイトへの掲載
④PRTimes

　広告とメルマガはほかの章で解説しているので、まずはセミナー告知専門サイトへの掲載についてお伝えします。こちらは無料のサービスと、有料のサービスがあります。どちらを使っても構いませんが、まずは無料サイトから運用することが多いでしょう。

　サイト内でセミナーを告知する際はインフルエンサーが登壇していなくても集客できているセミナーの告知文と、そのセミナーがサイト内で使っているタグやカテゴリを分析しましょう。

　また多少手間はかかるのですが、掲載サイトを2～3個使って実験しておいた方が良いでしょう。集客成果以外にも、あなた自身が感じるサイトの使いやすさや、設定の手間など総合的に比較し、継続的に使えそうなサイトを見つけましょう。もちろん、複数サイトを使っても問題ありません。

　またPR Timesでウェビナーの告知を行うことで、集客できることもありますので、余裕があれば掲載しても良いでしょう。

- 自社名で検索し、Google検索の結果で1位を確保できているか確認してみましょう。企業名は誤字、旧社名でも確かめてください。もし1位ではない場合、指名検索で1位を確保する方法を考えたり、調べる時間を確保しましょう。

- インサイドセールス、MA運用、ウェビナーなど、直近でやりたかったけどできなかったことを1つ思い浮かべてください。それらの施策を完璧にしようとしていませんでしたか？ 完璧ではなく、やりたいことの30％だけ直近の3ヵ月では進め、半年後にやりたいことの50％ができるようにするには、どうすればいいでしょうか。

- ウェビナーや、インサイドセールス、記事制作、広告など1つのチャネルに集中していませんか？ そのチャネルからお問い合わせがまったく確保できなくなった場合の第2のチャネルは、何が良いと思いますか。

- 5章、6章、7章を読んで、あなたの仕事の優先順位について考えてみてください。すぐには問い合わせにつながらない活動に時間とお金を使いすぎていませんか？ 自分でやらなくても良い仕事は他者に任せられそうですか？

CPAだけでなく、再現性と拡張性を大切に（後半）

● 心地よく使えるお金を確保する努力をしよう

通常、予算の策定にあたってはトップダウンで計画された売上・利益水準があるケースと、現場からの提案を積み上げて想定される売上・利益水準が弾き出されるケースの2つがあると思います。前者においてはより挑戦的な計画が作られがちであり、後者においてはより保守的な計画となりがちです。

マーケティング機能としては、次の3つのことを考慮して予算を検討する必要があります。

1：会社が求める成果
2：過去の実績から期待できる成果
3：今後拡張予定の施策から期待できる成果

トップダウンで予算が策定されるケースにおいては「1：会社が求める成果」を伝えられることとなりますが、マーケティング機能をあずかるマネージャーは現実的ではない成果をコミットすべきではありません。

「2：過去の実績から期待できる成果」をベースに保守的な計画を組み立てながら「3：今後拡張予定の施策から期待できる成果」によるアップサイドを加味して妥当な計画づくりをしましょう。

また、これに必要となる資金についても、いたずらに大きな金額を要望するのではなく、現状の組織規模や実施予定の施策を考慮した上で無理なく使える金額を設定しましょう。予算を多く取りすぎて効果的に使い切れず、年度終わりに無理やり予算消化をする企業がありますが、これは本末転倒です。

自チームが「心地よく使えるお金」を見定め確保することはマネージャーの重要な仕事と言えるでしょう。

8章

プライス（バリュー）
「高いと言われる」のは本当か

お客様から「高い」と言われたときは、
提供価値を見直す機会です。
ここでは「高い」と言われる理由を
分析していきましょう。

ひとりマーケター着任当初、一部の営業メンバーが教えてくれたのは「うちのサービスは高いって言われるんだ」という顧客の声です。しかし、実際に発注してくれている顧客にヒアリングしてみると「御社は安い。この値段でこれだけやってくれるんだって思う」と、何度も言っていただけました。これは何を意味しているのでしょうか。

　まず、営業は嘘をついているのではありません。彼らは自分の経験を話しているのです。しかし、商談の場で「うーん、高いなあ」という言葉は本気でなくても購買経験がある人は言ったことがあるのではないでしょうか。

　BtoBの商売の世界では事例協力で何かを割り引いたり、年度内の購入で割引をしたりするなど、条件次第で割引が発生することもあるため、それを狙って「この値段は高い」と言ってみることがあります。営業の言葉の理由を具体的に紐解くと、施策の考え方が変わります。

　こうした裏どりをせずに「なるほど、うちの商品は高いから値下げしないと」と判断するのは、<u>一見営業の意見を聞いているように見えますが、ただの無責任な行為になってしまいます</u>。それで問い合わせが減ったり、問い合わせの質が変わって商談しづらくなったりしたときに、責任が問われるのはあなたです。営業がこう言ったから…というのは言い訳になってしまいます。そのため、営業から教えてもらった情報は貴重な仮説の1つとして裏どりや検証は自分で行いましょう。

　営業の価格に関する話は必ず裏どりを行ってください。それが営業も望んでいることです。<u>営業はマーケターに言いなりになって欲しいと思っていません。受注しやすい問い合わせを1件でも多くもってきてほしいと思っています。</u>

8-1 ｜ 高いと言われる理由を考えよう

●「高い」には3つの意味がある

　商品が高い、サービスが高いと言われたときは次の3つのうち、どの「高い」なのかを判断しましょう。

お財布に本当にお金がないので高い

　たとえば50万円の高級バッグを買いたいと思っていても、50万円のお金がなければ購入できません。それと同じで貴社の商材を購入できる財力のない人にアプローチしていると「高い」と言われます。これはマーケターがアプローチするお客様を変えなければなりません。

　財力が合っていないお客様をないがしろにしにくい気持ちもわかります。しかし相手もビジネスマンです。お金を出すつもりのない人にずっとリソースはかけられません。それはわざわざ言わなくても相手も理解しています。ですから思い切って確度の高い方にだけお届けする特別なメルマガやインサイドセールスの架電をしない、という判断をしてもかまいません。

　財力の有無は大きく2つの方法で調べられます。1つは採用活動を行っているかどうか。このとき自社ホームページだけではなくて、企業側がお金を払わなければならないものに出稿しているかどうかを必ず確認してください。採用活動をしているということは、その求人が出ている領域に投資する覚悟があるということです。

　2つ目の方法はお客様に直接聞いてしまうことです。何度もウェビナーに来てくれたり、毎回メルマガを開封しているお客様がいたら、あなたはきっと電話したり、個別にメールを送ったりするでしょう。そこで反応をいただいて、電話で話し、ミーティングができる機会があれば予算について聞いてみてください。

　予算が合わなかったらそれは仕方のないことです。相手もビジネスマンですからそこで怒ったりしません。直接予算を聞くのは大切なことで、予算の合わない会社の特徴をあとでゆっくり考えることができます。

競合他社と比較して高い

　競合他社の名前を3〜5社ほど思い浮かべてみてください。その競合他社が提示しているサービスの価格を知っているでしょうか。競合他者よりもサービス価格が高いとお客様からは高いと言われてしまいます。

　もし知らなかったら、競合他社のウェブサイトを見に行ってください。サービス紹介に価格が書いてあるでしょう。もし書いていなかったら、サービス資料をダウンロードしてください。サービス資料をダウンロードできなかったら競合のウェビ

ナーに参加してください。それでもわからなかったら、顧客ヒアリングをかさねて競合から提案を受けたことがある方に価格を聞いてください。競合他社の資料ダウンロードやウェビナーをお断りしている企業もありますが、お断りしていない企業も多く存在します。たとえばウェブマーケティングのコンサルティング業界だと弊社は競合他社の参加や資料ダウンロードをお断りしていません。先日も「新人の勉強資料に御社のホワイトペーパーを使わせていただいています」と言われたばかりです。競合が教科書にするような情報を発信しているのですから、啓蒙活動に自信をもてます。

　価格を調べた結果、競合と比較して金額が高い場合は、営業としては売りにくいわけですから、どうにか営業が売りやすくなる方法を考えなければなりません。

このサービスの割に高い
　お客様が「この値段の割に高い」という趣旨のことをおっしゃる場合があります。この場合の「高い」には2つの可能性があります。

　1つ目はお客様がサービスの相場や、価値を知らない場合です。たとえばデザイナーに仕事の依頼をしたことがない人が「画像1枚くらいタダで作ってよ」や、カメラマンに仕事を依頼したことがない方が「写真1枚くらいタダで撮ってよ」と言うのに似ています。そのサービスを使ったことがないので、そのくらいこの値段でできるでしょう、と思いこんでしまっています。またはストレートな言葉になってしまいますがサービスの価値を感じるセンスが乏しいため「このくらいこの値段でできるでしょう」と思っているのです。

　様々なサービスや商品で格安サービスもありますが、高価な商品と安価な商品ではブランドや付加価値の差があります。たとえばとある有名な革ブランドは財布やかばんの縫製方法にとてもこだわっています。だから10年20年と商品の価値が下がらず、高い値段で販売しています。しかし、縫製にこだわる価値に気づけない人やその価値を知らない人からすれば安い商品を探します。

　彼らがサービスの価値や相場に気づくのは、業者選定で数社に声をかけて「その値段では無理ですよ」と複数社から断られたときか、格安サービスを使って期待どおりに進行できなかったときです。

サービスの相場や価値を知らずに「高い」と言うお客様には私はアプローチしないようにしています。弊社サービスでなくても良いのですが、実際にサービスを使ってみないとその価値や相場には気づかないからです。こちらから一生懸命説明しても納得しないでしょう。

　2つ目はお客様がサービスの相場や価値を知っている上で貴社のサービスを受けて「この品質なのにこの値段ですか？」と言っている場合です。これは危険信号です。サービスに満足していないからです。

　サービスに満足していないお客様は必ず解約しますし、ほかの人から「〜〜社さんのツール、今度使ってみようと思うんだけど」と言われたときに、必ず「あそこは良くなかったよ」と言ってしまいます。ですから、この状況は何としても脱しなければなりません。

　かといって商品の値段を簡単に下げるのはいけません。価格を下げるということは、それだけ社内にしわ寄せを生んでしまいます。まずやっていただきたいのは次の2点です。

①営業の期待値調整
②サービスを磨く

　営業が期待値調整を間違えていると「ここまでやってくれると思っていたからこの値段で契約したのに」「これもできると思っていたのにこの値段」と、不満に直結します。ですから、このワードが出てきたら必ず営業に共有してあげてください。

　そのとき「あなたたちの期待値調整ができていないからです」と営業を責めるのはいけません。まずは事実を担当営業とその上司にこっそり伝えてください。

　「〜社さんの顧客ヒアリングで『10までしてくれる、と営業から聞いたのに、4までしかしてくれていない。なのに、この値段か』と言われました。提案内容と、提供している役務の内容に相違があるみたいなので、確認してください」と伝えましょう。

　そうすれば営業は次から伝え方に気をつけてくれますし、その顧客にも営業から必ずフォローしてくれます。また、実際には10まで提供しているのに顧客がそう言っているケースもありますので、決めつけずにお客様から伝えられたことをその

まま営業に伝えて、確認してもらってください。

財布にお金がないので
「高い」と感じる

競合他社の価格より
「高い」と感じる

これだけの割りに
「高い」と感じる

8-2 | 適性価格の調べ方

私は適正価格には次の2つがあると考えています。

①市場の適正価格
②サービスそのものの適性価格

市場の適正価格とは「そのサービスだったらそのくらいの金額だよね」というものです。サービスの適正価格とは、そのサービスに金額相当の価値があるのかというものです。

たとえば、家庭教師の相場が1時間3,000円だとします。これは市場の適正価格です。東大生でとても教えるのが上手な先生は、1時間5,000円で授業をしています。これにはお客様であるご家族は満足しているし、生徒の成績も上がっています。これはサービスの適正価格です。価格を考える場合は2つの適性価格を考えてみましょう。

● 顧客ヒアリング

顧客ヒアリングでサンプルの数を集めることで、市場の適性価格を知ることができます。A社は記事制作に10万円前後払っているんだな、B社さんもそう言って

いたな、とヒアリング数が溜まれば1記事あたり10万円前後が市場で受け入れられている価格なのだとわかります。

このとき、10万円がどこまでの記事制作サポートを受けて10万円なのか確認します。これがサービスの適正価格です。どんな記事を作るのかという記事要件の作成も含んだ価格なのか、ライター選定、執筆、編集までやって10万円なのか、画像選定まで付いているのか、などです。

たとえば「他社さんは1記事10万円だけど、御社はなんで15万円もするんですか」と言われたときに「弊社は記事のチェックを3人体制で、3回行い、誤字脱字はもちろん引用元の信頼性まで確認しているからです」と言えれば大丈夫です。ツールサービスにも同じことが言えます。

人事・労務関連ツールをイメージしてみましょう。ツールAは出勤退勤の打刻管理、休暇申請ができます。価格は1アカウント5,000円からです。ツールBはツールAの機能に加えて有給休暇の残日数を自分で確認でき、有給休暇取得を促すリマインドメールの設定ができます。価格は1アカウント6,000円です。この1,000円の差は有給休暇の管理ができるかどうかです。これはわかりやすいように少し極端な例にしました。このように競合のサービスとの差分を顧客ヒアリングにより明確にしていきましょう。

● **価格調査アンケートはおすすめしない**
やりがちな間違いに価格調査のアンケートがあります。たとえば、こんな具合です。

～～というサービスがあります。あなたはどのくらいの金額ならこのサービスを受けたいと思いますか。

5,000円
7,000円
10,000円

なぜだめなのかと言えば、間違いなく5,000円に最も票が集まるからです。少しでも安い方が良いに決まっているからです。どうしてもこの価格が適性なのか誰かに直接聞きたいのなら、営業し、顧客の反応を見てください。

● サービスを磨いてナンボ！

　サービスの魅力を磨くって簡単にいうけどどうすれば良いんだ…。という声が聞こえてきそうです。私もまったく同じことを思っていました。苦戦しながらひとりマーケターを数年やり、今はサービスを磨くことにも2つの方向性があることに気が付きました。（サービスを磨く方法がほかにもあったら教えてください）

①お客様の期待に応えること

　顧客ヒアリングをしていると思わぬリクエストを受けることがあります。「メールのやりとりではなく、Slackでやり取りしたい」「検収書の備考欄に〜〜〜と書いておいてほしい」などです。この細かなリクエストに答えていくことこそ、サービスを磨くことにつながります。

　またBtoBマーケティングの場合、間違いなくサービスの向上につながると考えられるものに「担当者変更をなるべく減らす」があります。お客様にとっては、一度信頼した相手がずっと担当してくれるのですから、サービス品質が保たれ、コミュニケーション負担が減ります。もし、引継ぎが発生するとしても「このように我々は引継ぎしています」と伝えることができるだけでも、お客様から見た心象は変わります。

②今までのサービスの伝え方を見直し、競合と差別化すること

　BtoBマーケターで、ひとりで、どうやってサービスを磨くのか。おそらく、もっとも手軽に取り組めるのは、本書で紹介したワークマン戦法です（ワークマン戦法はすでに5章で述べているので、詳細はそちらをご参考ください）。

　「サービスを磨く」は、磨き方があまりにもわからなくて、「サービス　磨き方」などで検索したものです…。そのうち考え方が変わるかもしれませんが、今の私ならばサービスを磨くとは、どういうことか説明できます。それは「顧客ヒアリングでヒントを得て、サービスを改善するか、競合と差別化し直すこと」です。顧客ヒアリングをせずに、お金をかけて市場調査をして何かアイデアが降ってくるとは今の私には思えません。顧客の声に解決策（ソリューション）を求める課題が隠れているので、ぜひ周囲の協力を得ながら、顧客ヒアリングをしてみてください。余談ですが、私は今では最も楽しみな仕事が顧客ヒアリングです。

● 価値を比較しよう

　最後に価格を決める参考になる「価値」について説明します。私はBtoBサービスの場合は主な価値に次の4つがあると考えています。

1. 金銭的価値

　文字どおり、そのサービスの導入によってどれだけの金銭コストの削減や、売上増加を期待できるのか。

2. 時間価値

　そのサービスの導入によって、どれだけ作業工数を削減できるのか。

3. 心理的価値

　そのサービスの導入によって、心理的ハードルが要因で生産性が落ちていたことが、どの程度、改善できるのか。

　たとえば、承認プロセスを紙から電子にすれば苦手な役員に顔を合わせなくてもよくなりますので心理的価値は高いでしょう。一方、ツールの乗り換えはスタッフに新しいツールの説明をしたり、周囲の不満の声を聴くことが増えたりするので心理的にはマイナスの購買です。その分他の価値で上回らなければなりません。

4. キャリア価値

　そのサービスの導入をした場合、購買を決めたお客様先の担当者や、推進をしたお客様先の担当者にとって、キャリアおけるメリットがあるのか。

　たとえば、貴社サービスの導入によって売上が1.2倍になれば、昨年の成長率は1.1倍なので前任者より高く評価されるはずである、などです。

　お客様になりうる方は、社内評価で何を見られているのか把握しておきましょう。評価につながる点が貴社サービスによって良くなるならば、担当者にとって導入の価値が明確になります。

　私は競合他社と自社サービスを比較する際には価格以外にも上記4つの価値を比較します。よろしければ参考にしてください。

あなたの担当サービスが「高い」と言われたことがあったり、あなた自身が「うちのサービスは高いかな」と思ったことがあればその理由は3つのうち何でしょうか。

1. お客様の財布にお金がないので、高いと感じる
2. 競合他社の価格よりも、高く設定している
3. これだけのサービス提供の割りに高いと思われている

1番はターゲットの変更が必要かもしれません。2番は慌てて値下げする必要はありません。競合よりなぜ価格を高く設定しているのか、お客様が理解できる理由が必要です。少し高い分、納品物のクオリティ担保は業界でも群を抜いている、などです。3番目はあなたの会社のサービスの価値が理解できる企業をお客様にするか、サービスを価格に見合った品質に改善しましょう。

9章

ひとりマーケターの価値

最後はひとりマーケターのキャリアについて解説します。
会社を辞めるのか、踏ん張るのか、
より良いキャリアの決断をする一助になれば幸いです。

9-1 | ひとりマーケターの未来は明るい

　ひとりマーケターとして結果を出して、チームメイトが増えたあたりから、Facebookでどこからともなく弊社の「一人目のマーケター」として来てほしいというDMが届くようになりました。転職サイトを更新しなくても、定期的に知らない人からFacebookでそうした声掛けの連絡が来ます。

　実は失敗しても成功しても一人目のポジションは美味しいです。なぜなら、組織の立ち上げをやったことがある人が少ないですし、やり切れる人は多分もっと少ないからです。

● ひとりマーケターの市場価値は高い

　TEDのスピーチでアンジェラ・リー・ダックワースという方が「Grit: The power of passion and perseverance」というスピーチをしました。そのスピーチで、こんな一節があります。

> シカゴの公立学校で数年前にやり抜く力の研究を始めました。何千人もの高校2年生にやり抜く力に関するアンケートを行い、1年間以上待って誰が卒業するかを観察しました。結果 やり抜く力が高い方がより卒業にたどり着いていました。とくに落第ギリギリの生徒にとって重要でした。

出典：Angela Lee Duckworth: Grit: The power of passion and perseverance | TED Talk 、https://www.ted.com/talks/angela_lee_duckworth_grit_the_power_of_passion_and_perseverance/transcript、閲覧日2022年10月6日

　ひとりマーケターも落第ギリギリの学生と似た状況です。結果が出なければ簡単にチームは解体されます。「もうダメかもしれない」「ほかの人たちみたいに上手くやれない」という中だからこそ、やり切る力を試されています。

　また、文教大学の「人材獲得優位の企業と市場価値のある人材 」という研究論文の中で、転用可能な社会人のスキルとして次のようなまとめがあります。

問題の解決

- 問題を明らかにする
- 情報を分析する
- 情報の関連づけ・統合を行う
- 柔軟に取り組む
- 創造的な方法を考える
- 推論（演繹的・帰納的）を用いる
- 可能な解決方法を調べる
- 情報を評価し、判断する
- 理論を用いる
- 観察する
- 結果に敏感に対応する

チームワーク

- 他人の意見を聞く
- 他人の行動をよく理解する
- 他人に協力する
- 建設的に批評する
- 他人のアイデアを評価する
- 他人を激励し、導く
- 自分の役割を認識する
- 自分の意見を明らかにする
- 交渉し、説得する
- アイデアを出す
- 複数のアイデアをまとめる
- 歩み寄り、調整する

管理するまとめる

- 個々のタスクを評価・選択する
- 目標に向けた計画を立てる
- 進捗状況から目標を見直す
- プレッシャーに対処する
- イニシアチブを示す
- 持続的に努力する
- やる気を示す
- 目標を定め、評価する
- 必要なことを実行する
- 変化に対応する
- 適切な方法を準備しておく
- 効果的に時間を管理する
- 速やかに意思決定を行う
- 同意した計画を実行する

コミュニケーション

- はっきりと説明する
- 論理的に議論する
- 適切な例を挙げる
- 聴衆や相手を考慮して発言をする
- 批評眼を持ち、推論を示す
- 効果的な比較を行う
- 自分の立場を守る
- 矛盾した意見に対処する
- 効果的にデータを示す
- 理解したことを示す
- 熱意と関心を示す
- 適切なプレゼンテーションを行う
- 必要な質問を行い、話し合う
- 自らの行動を査定する

出典：人材獲得優位の企業と市場価値のある人材

一つひとつ見てみると、ひとりマーケターとしての仕事は上記の項目が必要なスキルではないでしょうか。数字が伸びない問題を明らかにして、可能な解決方法を調べたり、結果に敏感に反応して売上を増やすために問題を解決します。

また、ひとりマーケターが成果を出すには、自分の役割を認識して企業規模や予算、自分のリソースの身の丈に合った施策が大切ですし、他部署との交渉や説得も、自分ひとりで行うことが多いでしょう。

そのため、ひとりでも会社で働く以上はチームワークの発揮が求められています。また、いくつかの外注先をまとめ、上司と同意した計画を実行する力、まとめる力も求められます。さらに、論理的に上司と議論し、適切なプレゼンテーションで他者を動かすコミュニケーション能力も培われていくはずです。

こうして書いてみるとわかるとおり、どんな仕事でも転用可能なスキルの発揮は求められています。ひとりマーケターだけではありません。ですから、ひとりマーケターだけが社内や転職市場で貧乏くじを引かされているということはないのです。

● 専門性がつかないのではないか、という不安はいらない！
私は、キャリア形成ではどの程度の**具体を詰めていくのか**とどの程度の**抽象的なものを扱うのか**を明確にした方が良いと考えています。

私もひとりマーケターになったとき「このままもし結果を出したとして、前例もいないし一体自分は何を今後、この会社で仕事にするんだろう。キャリアが詰むのではないか」とぼんやり思っていました。しかし結果が出て、会社から大きな予算をいただけたり、人件費もかかるのに3人正社員をチームに入れてもらったりしてからは、ひとりマーケター時代の「キャリアが詰んでしまうのではないか」という不安は意味がなかったと感じました。

まずは参考程度に、私の場合はどうなったか共有します。時系列でお伝えします。

2020年4月　ひとりマーケターとしてマーケチーム立ち上げ
2021年4月　正社員1人目を追加
2021年7月　正社員2人目を追加
2022年3月　1名退職

2022年5月　1名追加
2022年6月　1名追加

　現在はチームメンバー3人の合計4人のチームです。チームの人数が増えるにつれて自然と私はチームの管理者になっていきました。世間一般では昇進と捉えられますが、弊社はベンチャーなので昇進というよりは役割の違いです。私よりもプレイヤーとして能力の高い3人をチームに入れたので、私はメンバーの3人が活躍できる環境づくりへの奔走と助言をする役割になりました。私のSEO、広告、MA運用、広報、展示会、紹介店開拓などの一つひとつの専門性がかなり高いかといえばそうではありません。チームメンバーの方が一つひとつの専門性は高いです。たとえば、チームメイトの1人はSEOをテーマに有名なメディアで連載をもち、電子書籍を出しています。

　ここで同じひとりマーケターとしてキャリアに悩んでいるあなたに質問です。

　会社のCMOは、世の中の一つひとつのマーケティング手法について精通しているのでしょうか?
　経理部長は、世界中の会計ルールをすべて理解していたり、経理関係のソフトについて詳しかったりするのでしょうか?
　システム部の部長は、この世のすべてのプログラミング言語を使いこなせるのでしょうか?

　そんなことはおそらくないはずです。なぜならば、時間がかかりすぎるからです。

　マーケティングだけで考えてみても、次に挙げるようなさまざまな手法があり、次々と新しい手法が生まれてきます。これらのすべてにおいて、高い専門性をもつにはいったい何年かかるのでしょうか?

- テレビ広告
- Web広告
- SEO
- コンテンツマーケティング
- 店頭のマーケティング

もし、新しい手法が生まれてくるたびに、その手法を学び直していたら、たくさんの専門性は身につきますが、いつまでも意思決定する立場や、会社にとっての重要なポジションにはつけないのではないでしょうか（勉強し続けるのは大事）。

　物事を抽象化する能力が高い人は、SEOに精通してから、「SEOのこの部分はテレビ広告のこの部分と似ているから、こういう施策が実は効果的なんじゃないか」や「店頭のマーケティングと、新しいマーケティング手法のこの部分の考え方は似ているから、こうするとうまくいくんじゃないか」と考えられます。つまり、抽象化したあとで、具体策のアイデアが湧きます。その習慣があると、一つひとつの専門性を何年もかけていくつも習得するより、新しい手法と、すでにもっている専門性を関連付けながら習得できるので、効率的です。

　広告、SEO、MA運用などを突き詰めていくことは「具体」です。スペシャリストになることは具体を突き詰めていくことになります。私のように、具体的なスキルにとくにこだわりがない場合は、ひとりマーケターの間は各種チャネルを最適化して成果を最大化することに集中すれば良いです。やがて成果が出始めると、おのずとチームメイトが増え、チームリーダーという形のキャリアになります。

　一方で「SEOを突き詰めたい」「広告運用スキルを突き詰めたい」と具体的なスキルにこだわりがある場合は、ひとりマーケターをする上でキャリア形成において2つ考えておいた方が良いことがあります。

①あなたが伸ばしたいスキルに時間とお金を使えるのか

　たとえば、あなたが広告運用の専門性を身に着けたいと思っていたとしましょう。しかし、問い合わせを増やすにも予算がないので月5万円ほどで広告運用をしつつ、セミナーやホワイトペーパー作成、SNS運用を優先した方が良い場合、あなたがやりたいこと＝広告運用のスキルを伸ばすことと、会社が求める成果を出すためのプロセスでミスマッチが起きています。

　月5万円の広告運用では、1日8時間×20日＝160時間も稼働は不要です。その間に広告運用の専門性を突き詰めるWeb広告代理店に勤めている人はあなたの倍以上の時間を広告運用につぎ込み、その専門性を高めています。ですからここで冷静に、マーケティングにおける1つのスキルを突き詰めることをキャリアで優先するのか、スキルにはこだわりはなくまずは結果を出すことに集中するのかを決めた方が良いです。

また、結果を出してからの選択も考える必要があります。たとえば、あなたがプレイヤーとして数字を立てていきたいなら、チームを拡大するタイミングで採用すべき人材はあなたの上司になりうる人です。他部署から管理職に異動してもらうのでも良いでしょう。

一方で、私のように、自分より各チャネルにおける能力の高い人を採用して、自分は裏方に回って彼らが活躍しやすいように社内調整に奔走するのも良いでしょう。

②転職か異動

①で考えた結果、「やはり自分は広告のスキルを突き詰めたい」となれば、転職や異動を考えても良いでしょう。会社としてはあなたのキャリアを考えたい気持ちがあっても、広告が最適な手法ではない場合は広告とウェビナー、広告とインサイドセールスなど、やることを分散せざるを得ません。あなた自身も自分のやりたいことと違うので、転職か異動を考えることになります。

ここでもひとりマーケターとして奮闘してきた日々は転職市場ではきっと評価されます。私も中途採用の面接に面接官として出るときに頻繁に感じるのですが、何かに挑戦して失敗するとそれが汚点になるのではないかと思っている人がいます。それよりも、面接では失敗の定義と、何を学んだのか、どう挽回しようとしたのかを気にします。

たとえば、ひとりマーケターで思うように問い合わせ数を伸ばせなかったとしても、それまでどんな工夫や努力をしたのかを伝えつつ、会社の状況として予算を広告チャネルに充てることは難しく、自分のキャリアの志向とは合わないことを伝えれば面接官は納得するはずです。

また、一時的であっても、ひとりマーケターとして広告、SEO、MA運用など広く複数のチャネルを見てきた経験を活かして広告の最適化を考えられる強みをアピールすれば、よほどうがった見方をする人ではない限り転職の理由を大きくマイナスに捉えられることはないでしょう。

ここではあなたが広告の運用スキルを高めたいと仮定して記載しましたが、ほかのMA運用、インサイドセールス、SEOなどでも同じことが言えます。あなたがキャリアの軸にしたいスキルを集中的に伸ばせる環境は、残念ながらひとりマーケター

にはないことが多いです。時間も予算も限られている中で最大限の成果を出さなければならず、予算が限られているために1つのチャネルにかけられる時間もそう多くはないからです。

また、ひとりマーケターが転職を考えた方が良いと思うタイミングが実はもう1つあります。それはどんなに努力しても環境を変えられなかったときです。この本では、2、3章でいかに周囲の環境を変えていくのかを書いています。

しかし、それは簡単なことではないと思います。環境を変える努力はしても、変わらないのならば転職するか、他チームに異動するしかありません。私自身も、周囲の環境を変えるのに1年半はかかったな、と感じています。あきらめることは決して悪いことではありません。戦略的撤退です。

9-2 応援団を増やせば成果につながる

読者のひとりマーケターにお伝えしたいのは「結果を焦らないで。結果が出るまでに2～3年はかかる」ということです。

ひとりマーケターの前例がないBtoB組織でマーケティングチームを立ち上げ軌道に乗せるのは、レースで勝ったことがない馬を、これから勝てる馬に育てていくようなものです。勝ち方もわからない、得意な距離もわからない、ダートと芝のどちらが得意なのか、障害物走が得意なのかもわかりません。果たして勝てるポテンシャルがあるのかもわかりません。それでも勝たせるために信じて試行錯誤するしかありません。

● 最優先事項は応援団を増やすこと

ひとりマーケターになったら、第1章に書いてある目標設定、戦略作成などを行います。2章以降の上司との関係の構築が、毎日の仕事における最優先事項になります。変に上司の顔色を伺う必要はありませんが、チームメイトもいないあなたにとっては現実世界で正直に相談したり、頼ったりできるのは上司だからです。

いろんな考え方がありますが、2章にも書いたとおり、私は上司とは自分を育ててくれる人というよりも「自分が成果を出すために、情報をくれ、自分がアプローチできない先への根回しを代わりにやってくれる立場の人。ただし上司も人間なので、気持ちよく私に協力できるように、私が考えてコミュニケーションをとる必要がある」と思っています。

これが正解だとは思いませんが、そんな風に考えて2章の内容を実行してもらえると、過剰に上司に期待しすぎることはなく、マーケティング領域を担当するのが初めての上司であったとしても、適切に連携がとれます。

環境が整っていなければ、どんなに効果的な施策を思いついても、上司に顧客ヒアリングをしたいと訴えても、それが実現されることはありません。もっと悲しいのは、成果が出てもあなたが社内で評価されないことです。適切な施策をスムーズに実行し、成果を出すために、まずは勇気を出して上司との関係構築を進めていただきたいです。関係構築を実施しながら、具体的な施策を考えていきましょう。

● 一番考えているのは、あなただから自信をもって

ひとりマーケターをしているあなたは「この施策で成果が出るのかな」「SNSでは、こういう施策が話題になっているみたいだ」と情報を集めれば集めるだけ、不安になることも多いでしょう。

そんなあなたに伝えたいのは、とにかく自信をもって欲しい、ということです。それは、成果が出る施策をわかっていることやマーケティング知識があることへの自信ではありません。あなたが、あなたの会社で、一番お問い合わせ数を増やす方法を考えているし、悩んでいるし、そのために動いている自信です。

世の中にはマーケティングに詳しい人はたくさんいます。経験者もたくさんいます。しかし、超一流企業のマーケターより、あなたの方があなたの会社のマーケティング施策について考えている、一生懸命動いていることは事実です。ほかの誰に何と言われても、これは変わらない事実です。周囲になんと言われても、一番考えているのはあなたなのですから、自信をもってください。数字に責任をもっていない人、あなたより考えていない人の意見に惑わされる必要はありません。

貴重な意見として参考にすれば良いだけで、最終的にどうするかの判断は、あなたの判断が一番正しいです。なぜなら、一番考えているのがあなただからです。これはまぎれもない事実だと思いますし、もし一番考えている自信がなければ、今日から一番考える人になりましょう。

📝 経営目線を養うコラム

ひとりマーケター、BtoBマーケターの価値について

　ある日いきなり、たったひとりのマーケティング担当「ひとりマーケター」に選任される。しかも経験もない、教えてくれる人もいない、このプレッシャーはきっと相当なものでしょう。

　「この仕事を続けた先で、自分の仕事人生・キャリアはどうなってしまうのだろう」そんな不安を抱いてしまう方もいらっしゃるのではないかと思います。本項では、私の考える「ひとりマーケターというキャリア」についてお話します。

● **結論：ひとりマーケターの人材価値は高い**

　結論からお伝えすると「ひとりマーケター」の人材価値は非常に高いと言えます。日本にはWeb／デジタルマーケターは2万人程度しかいないと言われています。そもそも職種としてのデジタル×マーケティングに関わる人材の希少価値そのものが非常に高いのです。

　また、今後インターネットを活用して商品・サービスを購入する人の数は増え続けると考えられ、日本のBtoC市場におけるEC化率は2021年の8.78％から2030年には12.9〜15.6％にまで成長するという予測もあります（出典：https://www.nli-research.co.jp/report/detail/id=70950?pno=3&site=nli）。

　さまざまな企業が、インターネットを活用して商品・サービスを売ることに、今後ますます躍起になっていくことは明らかです。こうした観点からも、数少ないWeb／デジタルマーケターの希少価値は今後も上がり続けるでしょう。

● **正解のないマーケティングという仕事では、専門性より幅広い知見が役に立つ**

また「ひとりマーケター」については、リスティング広告・ディスプレイ広告などといった特定の広告手法に専門特化するというよりは、幅広いマーケティング手段の中から最適な手段を模索できる方が望ましいでしょう。その時々で外部パートナーやチームメンバーに協力を仰ぎつつ成果を出していくのがひとりマーケターにとって重要な能力だからです。

必然的に何らかの専門性に秀でることは難しいものの、さまざまなマーケティング手段を俯瞰的に把握し、正解が見えない環境の中でトライアルを重ねながら成果を出していくことができる能力は極めて得難く、稀有なスキルであると言えるでしょう。

Web/デジタルマーケター2万人の中で、「ひとりマーケター」的な立ち位置で成果が出せる人は相当限定されると思います。「成果が出せるひとりマーケター」にまで到達すれば新たな景色が見えてくるはずです。

● **ひとりマーケターのゴール**

人生100年時代と言われる昨今、キャリアの終わりは何歳になるかわかりません。しかし、ひとりマーケターとしてのキャリアの区切り（退職を指すのではなく、数年単位でのいったんのキャリア的ゴール。継続・異動・転職・独立などのさまざまな選択肢を取ることができる状態のこと）のイメージはもっておいたほうが良いでしょう。

私は経営者という仕事柄、これまで数千人を超える方々と面接をしてきました。その中で、良いキャリアだな、と思う人は、ほぼ例外なく自分なりのキャリアの区切り方をしていました。

それは時に、入社時に取り決めていた年数を過ごしたことであったり、事業が成功し自分の後任に安心して任せられるようになった段階だったりと人によってまちまちです。ただ、自分なりの職責を果たしたタイミングで新たなステージに向かっているというのが、少なくても私が心地よく感じるキャリア観ではあります（こうした考え方が古いと言われればそれまでですが汗）。

その点、ひとりマーケターは1人であるがゆえに、キャリアの区切り方が難しいポジションです。仮に中途半端な状況でひとりマーケターが会社を退職してしまったら、これまでに築き上げてきたノウハウのすべてが消え失せてしまいます。

　とはいえ、ひとりマーケターがその名の通り、数年単位などの長い期間、ずっとひとりだけでのマーケティング活動を続ける状況は、ひとりマーケターの挑戦機会を奪うことにもつながりかねず、望ましいことではありません。

　そこで私は、ひとりマーケターが目指すべきキャリアの区切りとして「自分が抜けても安定的に成長していく組織を作れたとき」を推奨します。ひとりマーケターが成果を出し続け、会社の経営状況が健全であるならば、必然的にこの状態は実現できるはずです。ここまで到達したら、自分の気持ちと照らし合わせながらマーケターとしての仕事を続けるもよし、転職して新たな仕事に挑戦するもよし、はたまた独立起業して自分の腕を試してみるもよし、さまざまな選択肢があなたを待っています（繰り返しますが、あくまでもキャリアとしての区切りであって、転職を促しているわけではありません。1つの仕事を楽しみながら、ずっと続けていくことは素晴らしいことだと思います）。

　一方で、数年以上にわたる努力を続けても、この状況が作れるだけの成果を出せないのであれば、それはひとりマーケターとしてそのポジションに留まり続けるべきではないのかもしれません。あなたにはもっと別の適性があるのかもしれないし、もっとうまくやれる人がいるのかもしれません。シビアなことを言うようですが、本来もっと活躍できるポジションがあるのに、適性のない仕事をするのに5年も10年も時間を費やすのは時間の無駄だと私は思います。もっとあなたが輝ける場所にいくこともひとつの選択ということです。

　いずれにせよ、ひとりマーケターとして孤軍奮闘した日々は、あなたにとっての貴重な財産になることは間違いありません。みなさんの素晴らしいキャリアの実現を心から願ってやみません。

おわりに

　最後までお読みいただき、ありがとうございました。私はBtoBマーケターとしてはまだ3年目ですが、3年間で学んだこと、気付いたこと、失敗や成功をすべて思い出しながら書きました。マーケティングの実務家としてまだ勉強するべきこと、経験するべきことが多い身であるため、将来的には本書と考え方が変わってしまうこともあると思います。それでも、今の自分が考える最も現実的にひとりマーケターが結果を出す方法をまとめました。

　ひとりマーケターになりたてのころは私にとって社会人人生で苦戦していた時期でした。そんな当時の自分と同じような人が読んだときに「難しいけど、まずはシミュレーションを立ててみよう」「難しいけど、明日から上司への報告・連絡・相談をしてみよう！」など自分を鼓舞しながら、成果を出すことを目指して何らかの取組みを始めるきっかけになれば幸いです。

　また本書に記載した施策は私が実践したことが中心になっています。他に良い施策や、考え方もあると思いますので、これを正解だと思わずに参考の一つとして取り組んでいただけますと幸いです。本書に記載のない良い方法や考えを知っている方は、現状お困りのひとりマーケターのために可能な範囲でSNSで情報発信いただけますと私も嬉しく思います。

　私が勤めるナイル株式会社の以前のバリューに、次の2つがありました。

1. 楽しんでいこう
2. 戦う友を助ける

　私にとって読者のあなたは戦う友の一人です。戦う友を助ける気持ちで本書を書きました。挑戦をつづける人は戦っている人です。戦う友に楽しく働いてもらいたいと思い、本書を書きました。

　また、ナイルは「幸せを、後世に。」というミッションがあります。本書が今後誕生する多くのひとりマーケターに読んでもらうことができ、彼らの幸せに少しでも貢献できれば幸いです。

謝辞

　本書の執筆のきっかけは私のTwitter（https://twitter.com/osawaga_osawagi）や、note（https://note.com/oosawagi/）を見ていたマイナビ出版の編集者・畠山さんが声をかけてくれたことでした。日頃からTwitterやnoteを見てくださっている皆様に感謝申し上げます。また、2カ月ほどの執筆期間のため、深夜・土日の執筆が増えたにも関わらず、いつもすぐに返信をいただいた畠山さん、ありがとうございました。

　本書のコラムは当時上司だった高橋に書いてもらっています。これは本書をひとりマーケターの上司にも読んでいただきたかったからです。「立ち上げたばかりのマーケティング組織で管理職をしていた人が書いたコラムパートだけでも読んでください」と言えば、上司に本書を渡しやすくなるのではないかと考えました。この本を読んだ人はきっと、ひとりマーケター応援団になってくれます。私はこの本を通して一人でも多くのひとりマーケター応援団を増やしたい気持ちがあり、高橋に無理を言って書いてもらいました。飛翔さん、ありがとうございました。

　最後にナイル株式会社のみなさんに感謝申し上げます。企業の一従業員が書籍を出すという貴重な経験ができたのは、ナイルのみなさんの支援があってこそです。書籍内容の確認をしてくださった法務の皆様と福田士朗さん、執筆の応援をしてくださった上司の岸さん、チームの皆様、ありがとうございました。また、私ひとりのマーケティングチームに自ら手を挙げて異動してくれた方、同じチームや部署で働いている方、他チームながらいつも相談にのってくれる方、第2の上司のような存在になって私を社会人として育ててくださっている方々に心から感謝申し上げます。

Index

Profile

大澤 心咲（おおさわ みさき）
新卒でアクセンチュア株式会社へ入社後、2018年にナイル株式会社へ入社。2020年4月より同社のデジタルマーケティング事業部にてひとりでマーケティングチームを立ち上げ。その後インサイドセールス、広報などを開始し、2022年現在は同事業部のマーケティング責任者として勤務。

STAFF

ブックデザイン：霜崎 綾子
カバーイラスト・本文イラスト：玉利 樹貴
DTP：富 宗治
担当：畠山 龍次

ひとりマーケター
成果を出す仕事術

2022年10月26日　初版第1刷発行

著者　　　大澤 心咲
発行者　　滝口 直樹
発行所　　株式会社マイナビ出版
　　　　　〒101-0003　東京都千代田区一ツ橋2-6-3　一ツ橋ビル 2F
　　　　　TEL：0480-38-6872（注文専用ダイヤル）
　　　　　TEL：03-3556-2731（販売）
　　　　　TEL：03-3556-2736（編集）
　　　　　E-Mail：pc-books@mynavi.jp
　　　　　URL：https://book.mynavi.jp

印刷・製本　シナノ印刷株式会社